JN220406

数学ガールの秘密ノート

Mathematical Girls: The Secret Notebook (Statistics)

やさしい統計

結城 浩

Hiroshi Yuki

SB Creative

●ホームページのお知らせ

本書に関する最新情報は、以下の URL から入手することができます。

`http://www.hyuki.com/girl/`

この URL は、著者が個人的に運営しているホームページの一部です。

あなたへ

この本では、ユーリ、テトラちゃん、ミルカさん、そして「僕」が数学トークを繰り広げます。

彼女たちの話がよくわからなくても、数式の意味がよくわからなくても、先に進んでみてください。でも、彼女たちの言葉にはよく耳を傾けてね。

そのとき、あなたも数学トークに加わることになるのですから。

登場人物紹介

「僕」

高校二年生、語り手。
数学、特に数式が好き。

ユーリ

中学二年生、「僕」の従妹(いとこ)。
栗色のポニーテール。論理的な思考が好き。

テトラちゃん

高校一年生、いつも張り切っている《元気少女》。
ショートカットで、大きな目がチャームポイント。

ミルカさん

高校二年生、数学が得意な《饒舌才媛(じょうぜつさいえん)》。
長い黒髪にメタルフレームの眼鏡。

瑞谷(みずたに)女史

「僕」の高校に勤務する司書の先生。

CONTENTS

プロローグ

たくさんあったら、わからない。
ひとつだったら、わかるかな。
ひとつだったら、わかるかも。

平均、分散、標準偏差。

たくさんあったら、わからない。
ひとつだったら、わかるかも。

だったらどうして、たくさんあるの。

わからないけど、わかりたい。
わからないから、わかりたい。

コインをたくさん投げたなら、
コインの謎が解けるかな。
コインを何度も投げたなら、
コインのゆがみもわかるかな。

期待値、偏差値、帰無仮説。

ひとつだけなら、わからない。
たくさんあったら、わかるかも。

あなたのことも――わかるかも。

第1章
グラフのトリック

“わかりやすくなければ、伝わらない。”

1.1　よく見かけるグラフ

僕は高校生。ここは家のリビング。僕は従妹(いとこ)の**ユーリ**といっしょにテレビを見ている。

僕「おっ、また出てきたよ」

ユーリ「え？　なになに、何が？」

僕「**グラフ**だよ。コマーシャルに出てきた」

ユーリ「意味わかんない。そりゃグラフが出るときもあるよね。だって、グラフのほうがわかりやすいもん」

僕「ユーリはグラフって本当にわかりやすいと思う？」

ユーリ「来たな、お兄ちゃんの《先生トーク》。その手には引っかからないよーだ！」

僕「先生トークなんてしていないよ」

ユーリ「してたもん。いま、

『グラフって本当にわかりやすいと思う？』

ってお兄ちゃん言ったじゃん。もしもユーリが、

『わかりやすいよ！』

って答えたら、お兄ちゃんは上から目線で、

『そう思うよね。でも違うんだ、ユーリ』

なーんて言うに決まってる。これを《先生トーク》と呼ばずに何と呼ぶ？」

僕「それはさておき、グラフって本当にわかりやすいと思う？」

ユーリ「わかりやすいよ！　だって、数字がバラバラっとたくさん出てきても、わかんないもん。グラフのほうがずっとわかりやすい！」

僕「そう思うよね。でも違うんだ、ユーリ」

ユーリ「先生トーク……」

僕「グラフのことをわかりやすいと思っている人はとても多い。確かに、数字が並んだ表よりもグラフのほうが見たときにパッとわかった気になる」

ユーリ「でも違う？」

僕「パッとわかるのもいいけど、正しくわかるかが大切なんだ」

ユーリ「パッとわかるなら、正しくわかるんじゃないの？」

僕「じゃ、具体的なグラフを作ってみよう。テレビ消して」

ユーリ「へーい」

1.2　表を作る

僕「これから話すのは架空のデータだよ。たとえば——そうだな、ある会社の社員数を調べるとする」

ユーリ「ある会社って、『ユーリ株式会社』とか？」

僕「まあ、何でもいいんだけどね。ユーリが社長なの？」

ユーリ「ふふ」

僕「ユーリ株式会社の社員数を調べる。調べ始めた最初の年、つまり 0 年目は社員が 100 人で、1 年目は 117 人だとしよう」

ユーリ「1 年目、社員が増えたんだ」

僕「さらに毎年、126 人、133 人、135 人、136 人になった」

ユーリ「いやー、そんなに数字をペラペラ言われましても」

僕「数字がたくさん出てきたら、**表を作る**といいよね。表を使えば、毎年の社員数がはっきりとわかる」

ユーリ「そだね」

年	0	1	2	3	4	5
社員数（人）	100	117	126	133	135	136

ユーリ株式会社の社員数

僕「さあ、この表を見ると——何がわかる？」

ユーリ「社員数」

僕「そうだね。社員数がわかる。他にはどんなことがわかる？」

ユーリ「増えてる」

僕「うん、社員数が増えていることがわかるね。数字を順番に見ていくとだんだん増えているから」

ユーリ「簡単じゃん」

僕「この会社の社長——ユーリ社長が、表をもとにして、社員数の**変化**を調べようと思った。そこで、**折れ線グラフ**を描いてみた。折れ線グラフは変化を表すときによく使うね」

ユーリ「うん」

僕「折れ線グラフを作るのは簡単だよ。こんな感じになる」

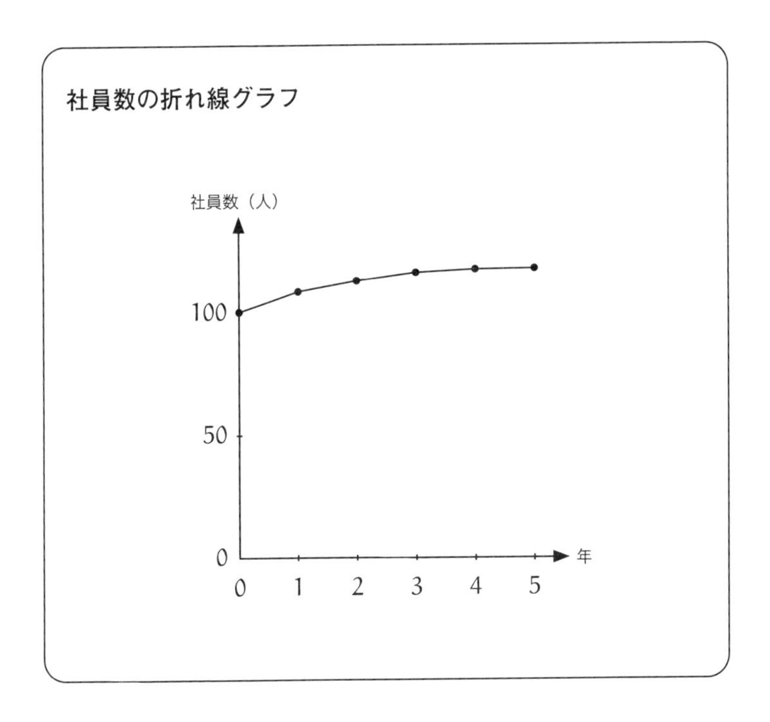

ユーリ「やっぱり社員数は増えてるね。ちょっとずつ」

僕「でも、ユーリ社長はその点が気にくわない」

ユーリ「は？」

1.3　大きく見せたい

僕「ユーリ株式会社を経営しているユーリ社長は、社員数が急激に増えないのが気にくわないとしよう」

ユーリ「社員をたくさん雇えばいいじゃん」

僕「そんなにお金がない。だから、グラフを修正して、社員数の増加を**大きく見せたい**と考えた」

ユーリ「データのカイザンだ！」

僕「いやいや、データを改竄するわけじゃない。正義感あふれるユーリ社長は、そんなことしないよね？」

ユーリ「もちろんじゃ」

僕「折れ線グラフの下を切り取るだけだよ。こんなふうに」

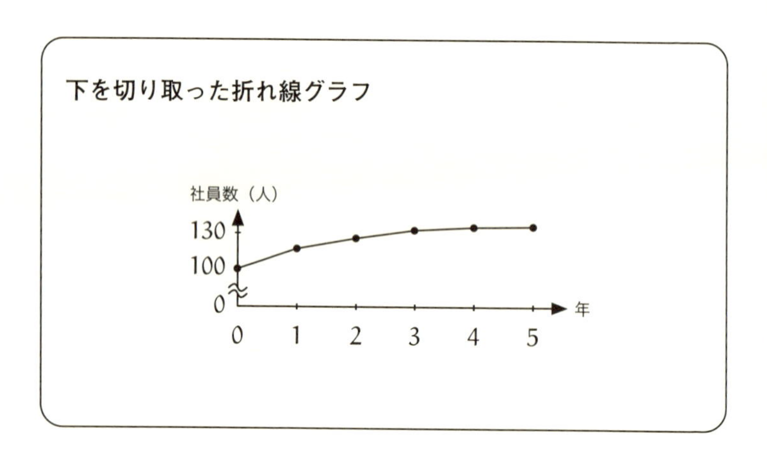

下を切り取った折れ線グラフ

ユーリ「これで、社員がぐっと増えたように見える——かにゃあ」

僕「グラフを見るときに大事なことは何だか知ってる？」

ユーリ「大事なこと……軸を見る？」

僕「そうだね！　グラフでは必ず**《軸と目盛りをチェック》**する

んだよ。それから、数字が出てくるときには**単位**もね」

ユーリ「はいはい、センセー」

僕「下を切り取ったグラフの縦軸をよく見ると、『ここを省略してますよ』という波線が入っているよね、ほら」

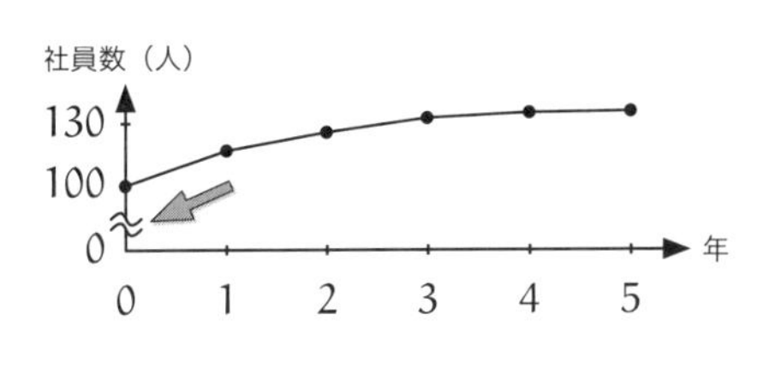

省略を表す波線

ユーリ「あるねー」

僕「だから、データの改竄をしているわけでもないし、グラフに嘘(うそ)があるわけでもないよね」

ユーリ「まあ、そーだけど……」

僕「波線がないときもあるよ。目盛りが正しければ、これでも変化を正しく表しているからね」

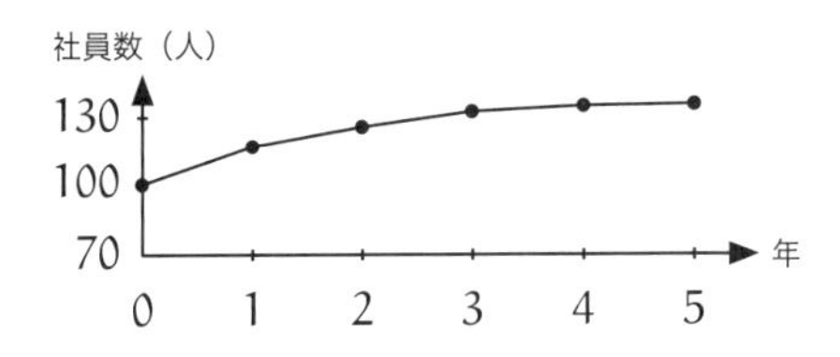

省略を表す波線がない場合

ユーリ「確かに目盛りは正しーけどね」

僕「でも、ユーリ社長はこれでも気にくわない」

ユーリ「は？」

1.4　もっと大きく見せたい

僕「グラフの下を切り取っただけだと、社員数の増加はそれほど大きく見えない」

ユーリ「だって、データは同じなんだもん」

僕「そこで、こんなふうにグラフを縦に引き延ばしてみた」

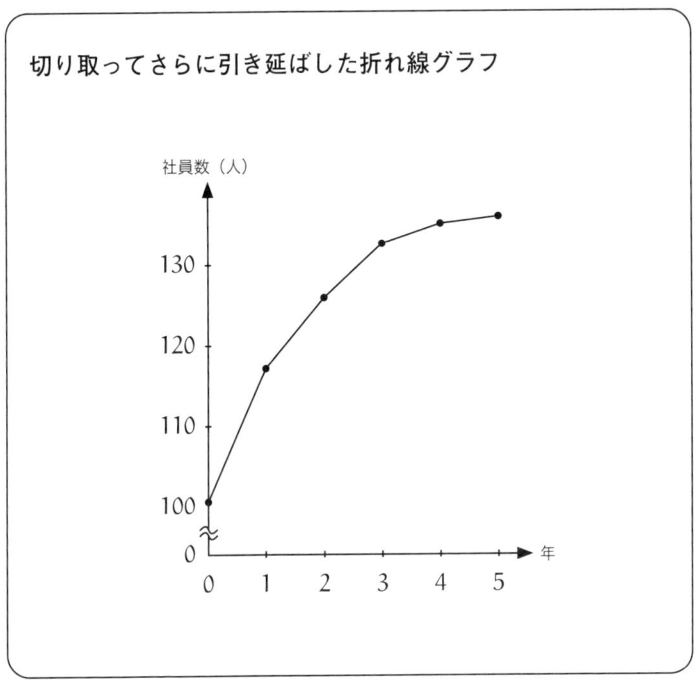

ユーリ「何これひどい！　めちゃめちゃ増えてるみたいじゃん！」

僕「でも、グラフで嘘をついているわけじゃない。グラフの縦軸の目盛りの間隔がさっきよりも大きくなっただけで、数値そのものを改竄しているわけじゃないよ」

ユーリ「確かにそーかもしんないけど、社員数の増加が実際よりも大きく見えるよー」

僕「そうだけど、グラフの下を切り取っても、さらに引き延ばしても、表している数値をごまかしているわけじゃない。ただし、グラフを作る人の意図(いと)が入り込んでいることは確かだね」

ユーリ「意図？」

僕「そう。グラフを使って社員数の増加を**大きく見せたい**という気持ちだね」

ユーリ「そんなのまちがっている！」

僕「ところが必ずしもそうじゃない。さっきのように切り取って引き延ばすと、細かい変化が拡大される。つまり、データの変化の様子がわかりやすくなっている。切り取ったから悪い！ 引き延ばしたからまちがっている！と決めつけることはできないんだよ」

ユーリ「そーかなー」

僕「だから、グラフを見る側が注意深く読み取る必要がある」

ユーリ「どゆこと？」

僕「ここまでの話はグラフを見せる側の話だった。グラフを見せる側が切り取って拡大して『ほら、すごいだろう！』と言ってきたわけだね」

ユーリ「そだね」

僕「それに対して、グラフを見る側は『切り取らなかったらどんなグラフだろうか』と考えたり、『拡大しなかったらどんなグラフだろうか』と考えるのがいい。できれば、自分でグラフを作り直してみる。そうすれば、ユーリ社長がいくら『社員数はこんなに増加している！』とグラフで主張しても、反論するグラフを作ることができるからね」

ユーリ「にゃるほど……」

僕「ということで、ユーリ社長に反旗を翻(ひるがえ)す専務が登場する」

ユーリ「は？」

1.5　もっと小さく見せたい

僕「専務だよ。専務は次期社長の座をねらっていて、社長の主張に反対したい——としよう。つまり専務は、グラフを使って『社員数はそれほど増加していない』という印象を与えたいとする」

ユーリ「陰謀渦巻く会社だにゃ」

僕「そこで、こんな表を作った。《前年からの増加人数》を考えることにしたんだ」

年	0	1	2	3	4	5
社員数（人）	100	117	126	133	135	136
前年からの増加人数（人）	×	17	9	7	2	1

社員数と前年からの増加人数

ユーリ「1年目が17人なのは、117 − 100 = 17ってこと？」

僕「そうそう。前年からどれだけ増えたかを表にしてみた。ただし、0年目だけは前年がないから×と書いた」

ユーリ「階差数列だ！」

僕「そうだね。前年からの増加人数は確かに階差数列だ*」

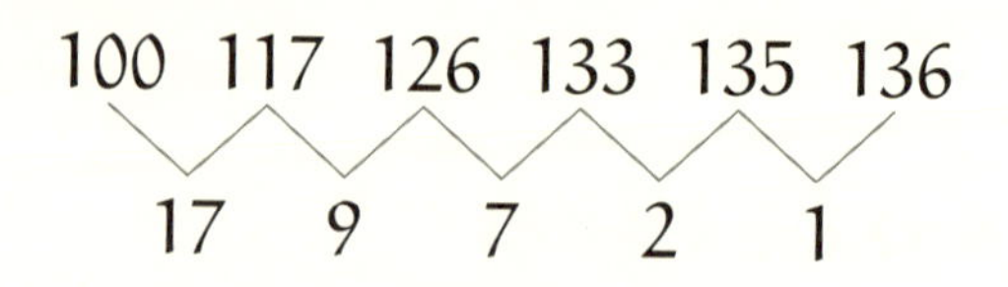

ユーリ「それで？　これが何になるの？」

僕「ほら、社員数は増加しているけど、社員の増加人数は逆に減少しているよね？」

ユーリ「んん？　……あ、そだね。17, 9, 7, 2, 1 と減ってる。でも、社員数自体は増加してるよ」

僕「折れ線グラフにすると、どう見えるかな……」

---

* 階差数列については『数学ガールの秘密ノート／数列の広場』を参照。

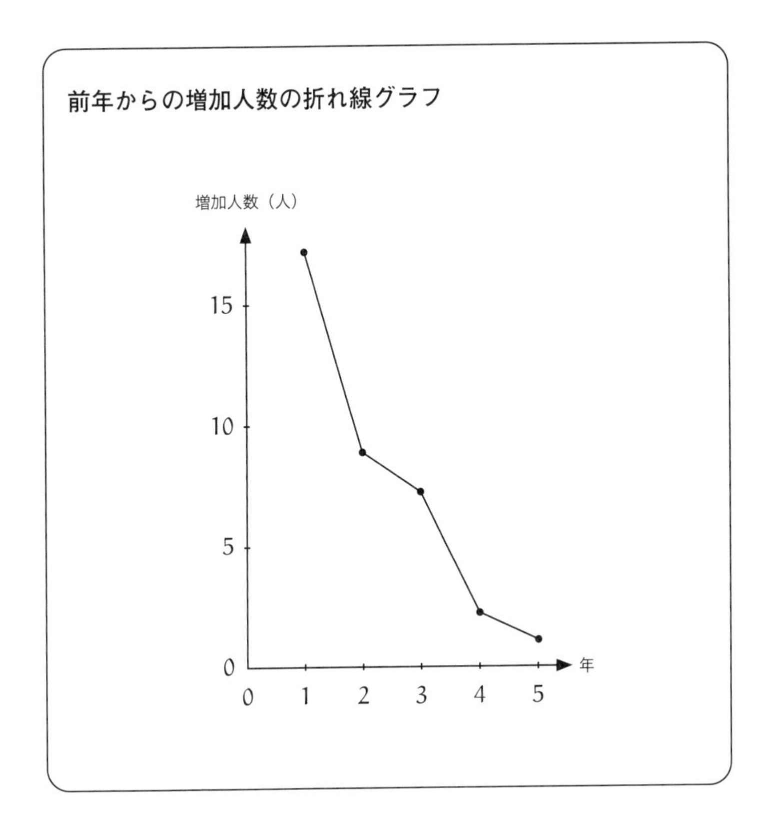

ユーリ「あ、そーゆーことか。この折れ線グラフをパッと見ただけだと、まるで社員が減っているみたいに見える？」

僕「軸を見ない**あわてもの**にはそう見えるかもね」

ユーリ「そんで、専務はこのグラフを出して社長に詰め寄るんだね。『社長！ この現状をどうお考えですか！』って」

僕「あはは、そうそう。もちろん、このグラフも嘘はついてない。

前年からの増加人数を折れ線グラフとして表現しただけだから」

ユーリ「不思議だね、お兄ちゃん。もとのデータはまったく変わってないのに——

- 少しずつ増えてる
- すごく増えてる
- 減ってる

——みたいに見えるグラフが作れちゃうんだ」

僕「だから、グラフは確かに《パッとわかる》かもしれないけど、《正しくわかる》ためには注意が必要なんだよ。グラフが表していることを読み取る力が必要になるんだね」

ユーリ「なーるほど！」

1.6　棒グラフ

僕「さっきの専務は、社員数がまるで急減したかのような印象を与える折れ線グラフを作ったよね」

ユーリ「そだね。社員数が減ってるわけじゃないんだけどね」

僕「さらに専務は、棒グラフを作ってきた」

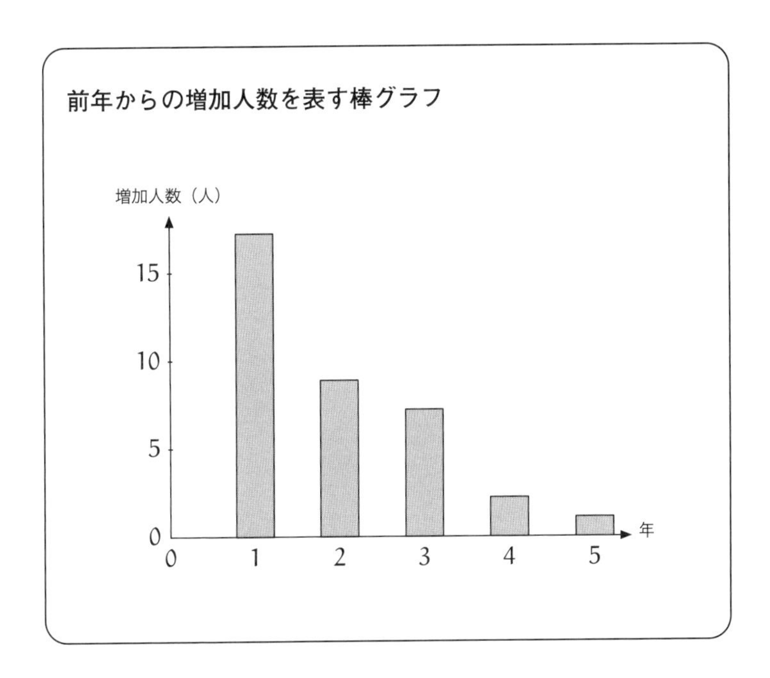

ユーリ「さっきの折れ線グラフと同じ感じ」

僕「そうだよね。棒グラフは棒の《高さ》を使って数値の大きさを表現している」

ユーリ「そーだけど」

僕「専務は、こんなふうに考えた。『《高さ》で数値の大きさを表現するんだから、棒グラフのような長方形じゃなくて、円を使ってもいいはずだ』ってね」

ユーリ「棒グラフに円を使うってどゆこと？」

僕「こういうこと」

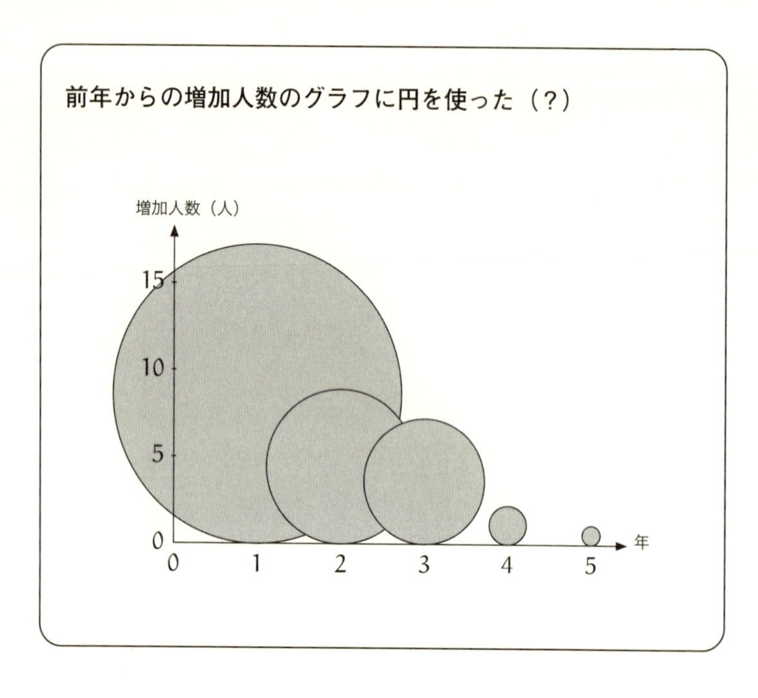

前年からの増加人数のグラフに円を使った（?）

ユーリ「えーっ?!　これ、さっきと同じグラフ？」

僕「専務はそう考えた。円の直径がそれぞれ 17, 9, 7, 2, 1 になっているから、とね」

ユーリ「お兄ちゃん！　これはさすがにまずいよー！　だって、円がきゅうっと縮まって、めちゃめちゃ減ってるように見える！」

僕「ユーリの言う通り。円の《直径》を使って数値の大きさを表したと言い張っても、僕たちには円の《面積》の印象が与えられる。円の面積の大きさが数値の大きさを表しているみたいに感じてしまう。だから、17, 9, 7, 2, 1 というデータじゃなくて、$17^2, 9^2, 7^2, 2^2, 1^2$ というデータを表しているみたいに感じてしまうんだ。つまり、289, 81, 49, 4, 1 ということ」

ユーリ「さすがにこれはグラフとしてアウトだよねー」

僕「そうだね。これはひどすぎると思うよ。でも、世の中には、人をだますための**グラフのトリック**がたくさんあふれている。さっきのテレビのコマーシャルには、これにそっくりなグラフが出てたんだよ。円の直径を使って数量を表す棒グラフもどきが」

ユーリ「すごいね、お兄ちゃん！　そんなのさっと見抜けるの？」

僕「人をだますためのグラフのトリックは、本当によく見かけるよ。

- **軸**が何を表すかわからないグラフ
- **目盛り**がごまかしてあるグラフ
- 誤解を招くように描かれているグラフ

どれもよく見つかる。グラフが出てきたら必ず、《**グラフのトリックは使われていないか**》と意識するといいよ。びっくりするほどたくさん見つかるから」

ユーリ「そーなんだ！」

僕「円の直径が 2 倍になると、円の面積は 4 倍になる。これを使えば、大きさの違いを極端に見せることができる。でも、見る人が見ればすぐに気付くから、そんなグラフを描いた人の信用はガタ落ちになるね」

ユーリ「だよねー。見え見えだもん」

1.7　横軸を変える

僕「社員数の増加をアピールしたい社長。アピールしたくない専務——そんな設定だと、同じデータなのに違うグラフが生まれてくるのもよくわかる。グラフを作る人の意図が違うからだね」

ユーリ「さすがに円の直径を使った棒グラフはひどいよー。ユーリ社長としては『こんな専務の横暴なグラフは許さん！』と怒って、『社員はすごく増えてるぞ』というグラフを突きつけたくなるにゃあ。縦軸の目盛りをいじれば、社員が増えてる印象にできるし」

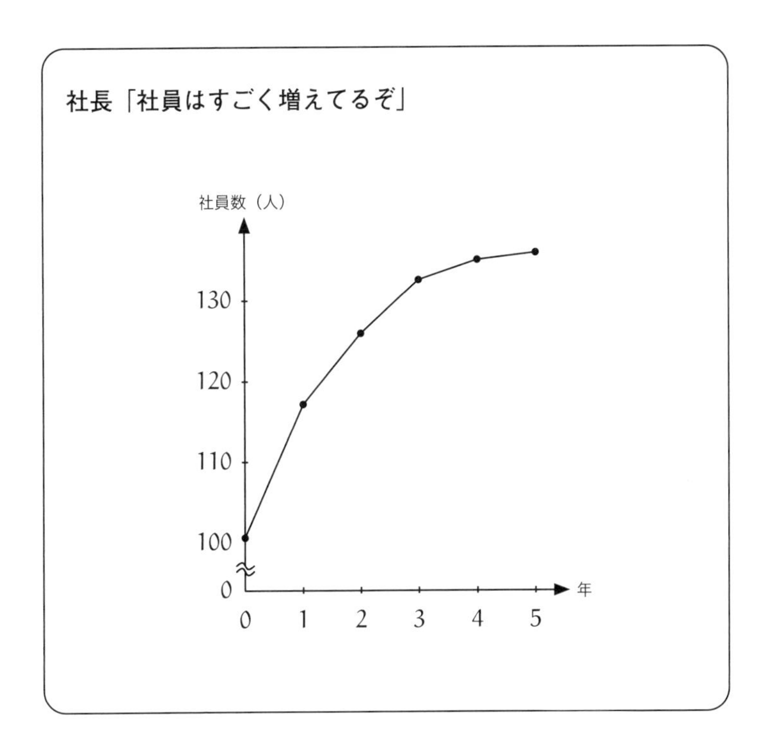

僕「いじるのは縦軸に限らないよ。横軸の目盛りをいじっても印象はずいぶん変わる。同じデータをもとにして、3年目、4年目、5年目だけを描いてみるよ。すると、『社員はほとんど増えてません』という折れ線グラフになる」

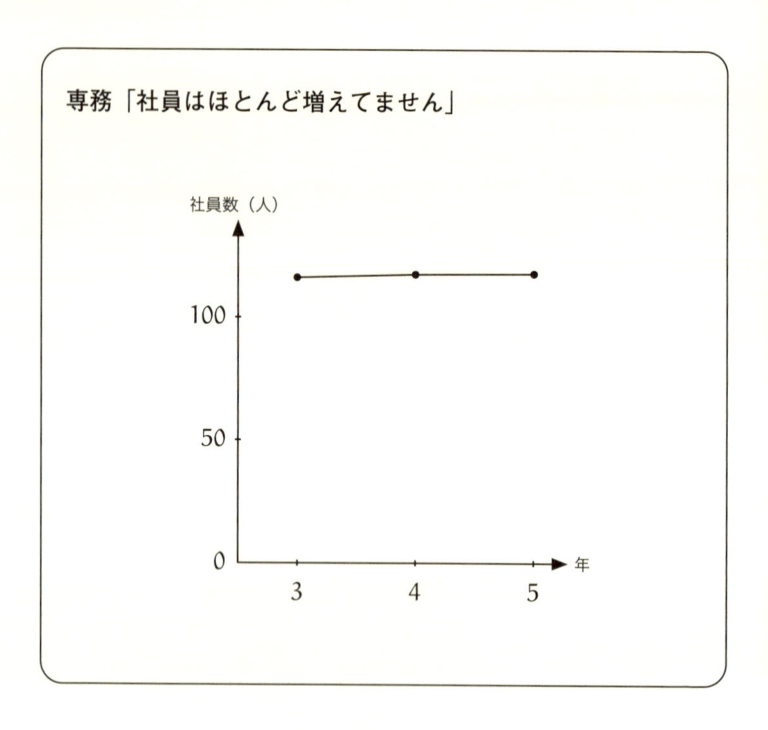

ユーリ「そっか、**グラフをどう描くか**だけじゃなくて、**データのどこを選んでグラフを描くか**も大事なんだね、お兄ちゃん！」

僕「そうだね。グラフの左側をカットすると、データのうち最近の数値しか見ないことになる。逆に、グラフの左側をさらに延長すると、ずっと過去の数値も見ることになる。あ、それで有名なのが**株価のグラフ**だよ」

1.8　株価のグラフ

ユーリ「カブカ？」

僕「ユーリは『株』って知らない？」

ユーリ「あんま知らない」

僕「会社は資金を集めるために『株』というものを売ることがある。株の値段が株価だよ。人気のある会社の株はみんなが買いたがるから株価は高くなる。人気がない会社の株の場合は、逆に株価は低くなる。株価はいつも変化している」

ユーリ「んー、よくわかんない。みんなが買いたがるって、どうやって調べるの？」

僕「ああ、いまは細かい話はどうでもよくて、言いたいのは、株というものがあって、その価格はしょっちゅう変化しているということだけだよ」

ユーリ「ふんふん？」

僕「一般の人は、証券会社を経由して会社の株を買ったり売ったりする。たとえばユーリが、ある会社の株を 100 円のときに買って、150 円のときにその株を売ったとする。そうすると、差額 $150 - 100 = 50$ 円だけ、ユーリはもうかる」

ユーリ「……たった 50 円？　それ、何がおもしろいの？」

僕「たくさん売り買いすればもっともうかるよ。1 株が 100 円の株を 1 万株買っておき、150 円になったときにぜんぶ売れば、50万円もうかる」

ユーリ「あ、そっか」

僕「株価はもうけに直結する。だから、株を売り買いする人は株価の変化にすごく関心がある。たとえば、こんな**グラフ1**を見て『株価は継続的に上がっている』と判断してしまう人がいるだろうね」

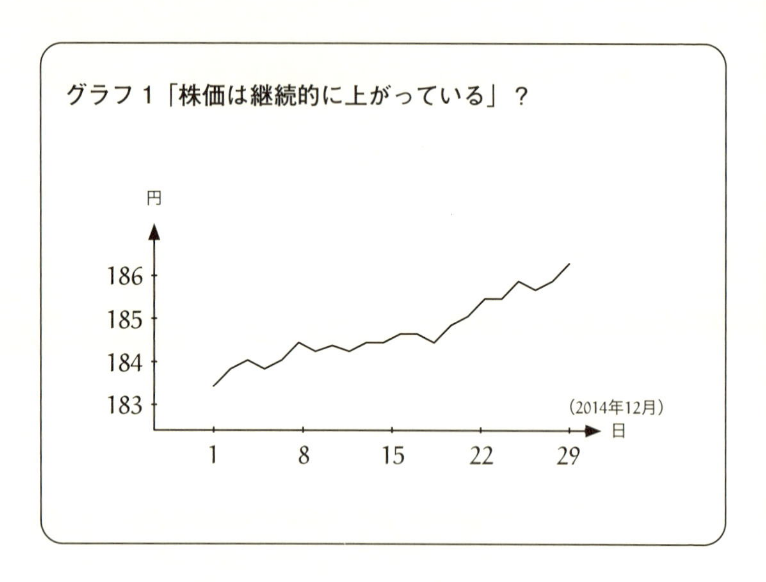

ユーリ「は？　だって、見た通り、確かに上がってるよね」

僕「本当かな？」

1.9　実は、下がっていた

ユーリ「また先生トークですか。ときどきは下がっているけど、全体としては上がっているよ？　グラフの目盛りをごまかしてなければ」

僕「じゃ、同じ会社の株価のグラフをもう一つ見てみようよ。たとえば、**グラフ 2** を見たらどう思う？」

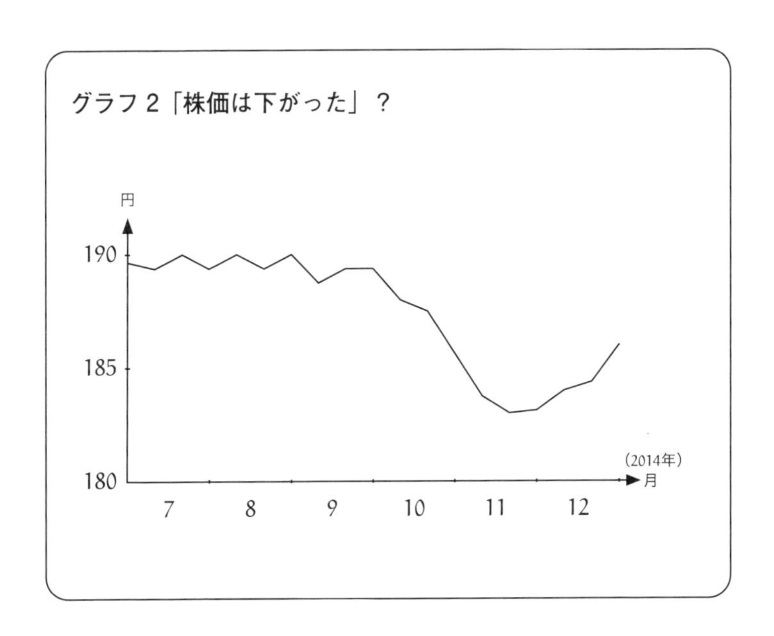

ユーリ「え？　これ、グラフ 1 とはぜんぜん違うグラフじゃん」

僕「グラフを読むときには——**《軸と目盛りをチェック》**だよ」

ユーリ「そーだった……ははーん、これ**日付の範囲が違う**ね。グラフ1は一カ月分で、グラフ2は半年分かー！」

僕「そうなんだよ」

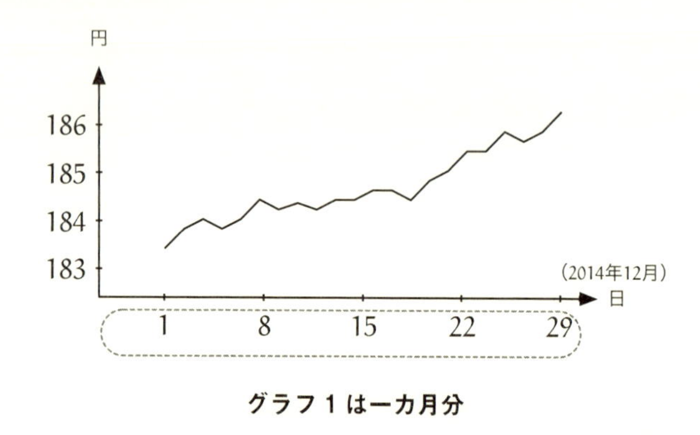

グラフ1は一カ月分

円
190
185
180
グラフ1の範囲
(2014年)
月
7　8　9　10　11　12

グラフ2は半年分

ユーリ「範囲を変えただけなのに、ぜんぜん違う！」

僕「そうだね。グラフ１で見えている全体は、グラフ２ではほんの一部になるから」

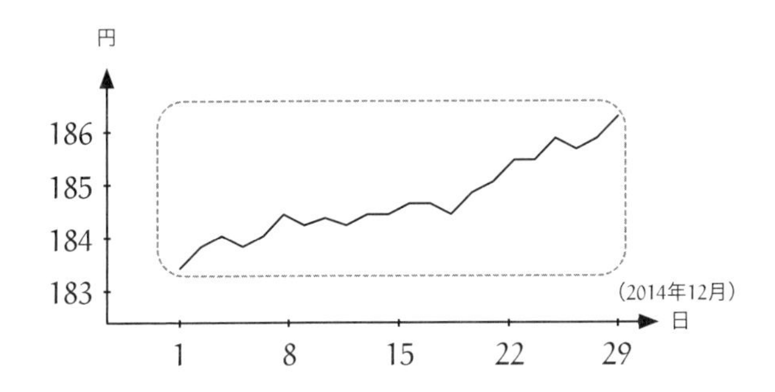

グラフ１では、継続的に上がっているように見える

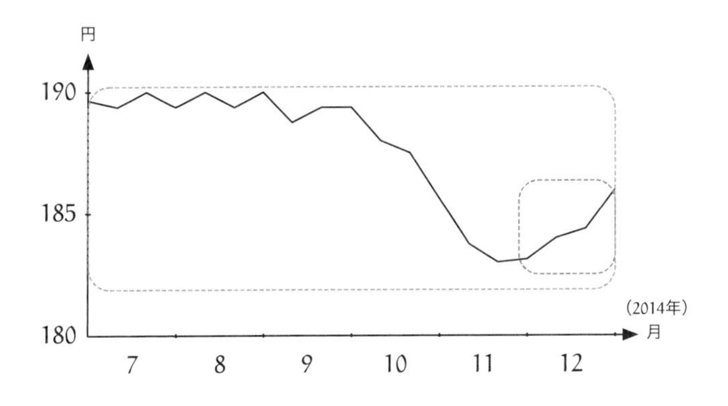

グラフ２では、継続的に上がっているようには見えない

ユーリ「てことはさ？ 『7月8月9月は安定してて、急に下がって、12月にちょっと上がった』というのがほんとだったんだ。株価」

僕「うん、そうだね」

ユーリ「で、株価が継続的に上がっているのはまちがい」

僕「本当かな？」

1.10 実は、継続的に上がっていた

ユーリ「違うの？ でも、グラフ2を見たらそーだよね」

僕「もう一つ、同じ会社の株価を描いた**グラフ3**を見てみよう」

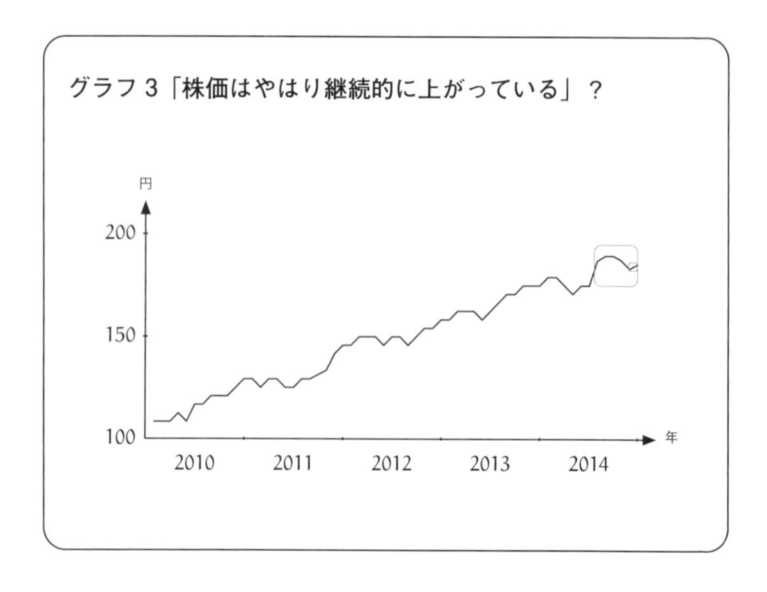

ユーリ「今度は日付が年になってる！」

僕「そうだね。グラフ1→グラフ2→グラフ3と、日付の範囲を広げたんだ」

グラフ１「ひと月の範囲では株価は上がっている」

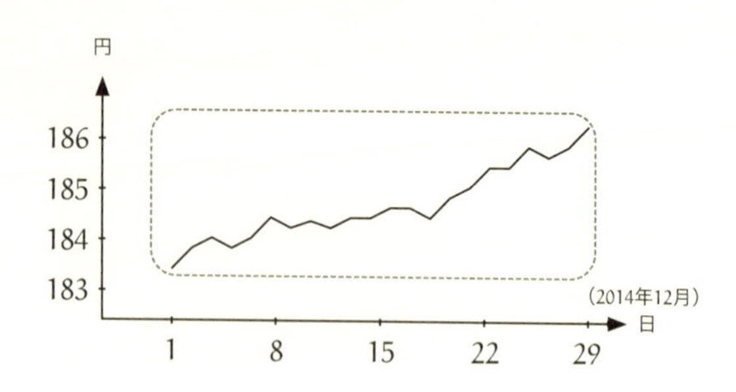

グラフ２「6カ月の範囲では安定→下がって→上がる」

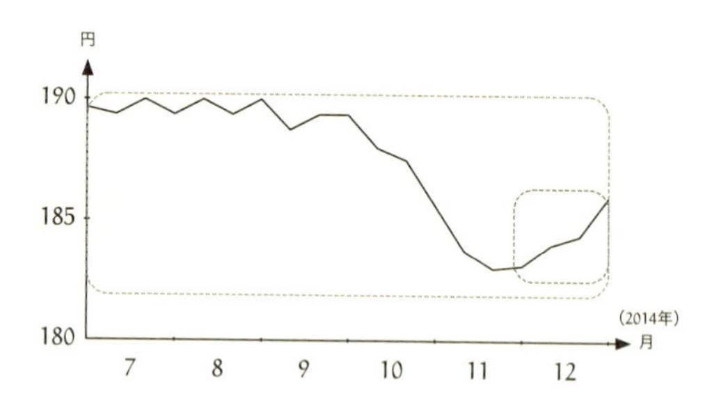

グラフ３「5年の範囲では継続的に上がっている」

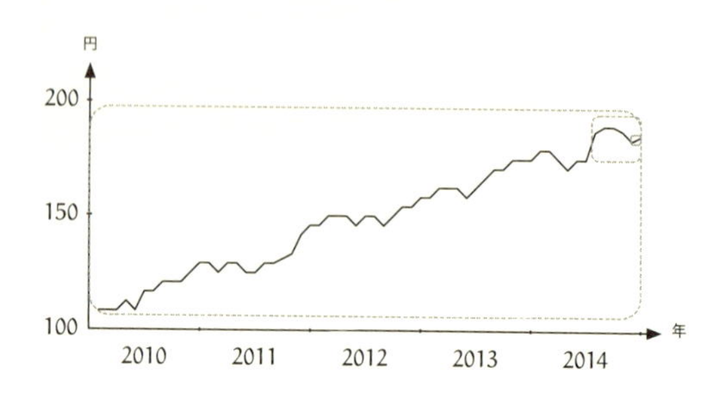

ユーリ「えー……でも、もっと広げて10年の範囲だったら、どーなっているかわからないね」

僕「そうだねえ」

ユーリ「だったら、何が《ほんとうの株価》なの？　上がっているグラフを見ても上がってるとは限らないとしたら、グラフ見ても、何も言えなくなっちゃうね」

僕「うん。きちんと条件を押さえればいいんだよ。この一カ月のあいだは上がっていました——のようにね」

ユーリ「条件を押さえる……」

1.11　社員数の比較

ユーリ「ところで、社長と専務のけんかは終わり？」

僕「さっきは、グラフの目盛りを変えると印象が変わるって話をしたよね。今度は『いかにして自然に目盛りを変えてみせるか』という話をしよう」

ユーリ「ほーう？」

僕「陰謀渦巻く会社にユーリの名前を付けるのはやめて、『A社』としようか。A社とライバルのB社、それぞれの社員数はこんな表になっていたとする」

年	0	1	2	3	4	5
A社	100	117	126	133	135	136
B社	2210	1903	2089	2020	2052	1950

A社とB社の社員数（単位：人）

ユーリ「A社はさっきと同じで、ちょっとずつ増えてる」

僕「うん、そうだね。B社はどうかというと？」

ユーリ「2210, 1903, 2089, 2020, 2052, 1950 だから、うーん、増えたり減ったりって感じ？」

僕「『A社は少しずつ増えているけど、B社は増えたり減ったり』のように見える」

ユーリ「ふんふん、そだね」

僕「本当かな？」

1.12 社員数のグラフを比較

ユーリ「ほんとかな……って、いま言った通りじゃん」

僕「じゃ、**グラフ4**を見ても同じように感じるかを見てみよう」

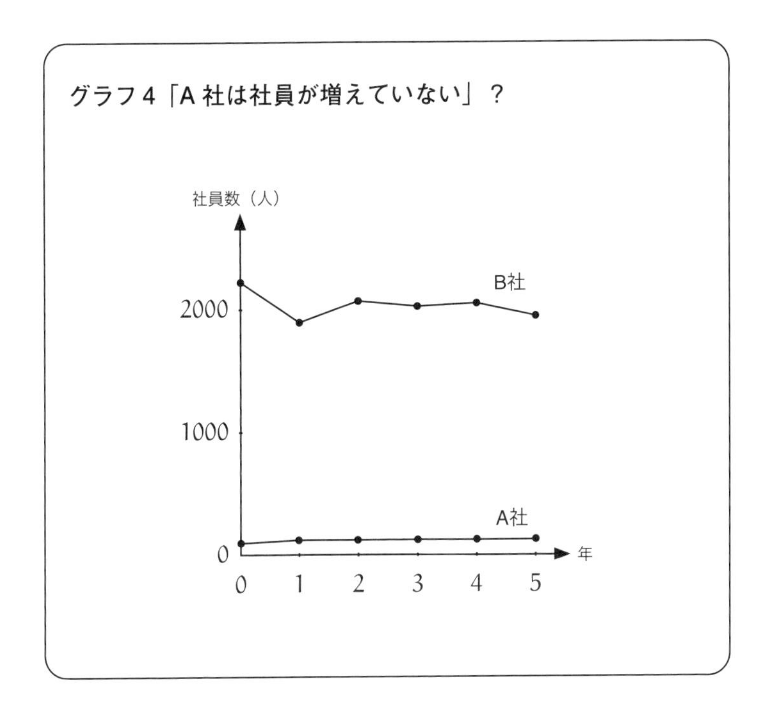

ユーリ「おお！ そっかー。これじゃ、A社が増えていないように見えちゃう！」

僕「それがなぜかもわかるよね」

ユーリ「わかるわかる！ A社はだいたい百人くらいなのに、B社は二千人くらいでずっと多いから。だから、A社の増えた分なんて、グラフ4じゃ見えなくなっちゃうんだね！」

僕「まさに、その通り」

ユーリ「なーるほどにゃあ……え、だったら、『A社は少しずつ増えてる』というのはまちがいなの？」

僕「そう主張するには、補足説明がいるんだよ。『A 社の社員数は少しずつ増えている。しかし、B 社の社員数の規模と比べたらその増加人数は小さなものだ』のようにね」

ユーリ「バシッとひとことで言えないんだね」

僕「うん、そんなに単純じゃないってことだよ。だから、グラフを出して、説明せずに**《見ての通り》というのは無責任**だね」

ユーリ「ふんふん。あ、でも、『A 社より B 社のほうが圧倒的に人数が多い』というのは、《見ての通り》だよね」

僕「本当かな？」

1.13　デッドヒートの演出

ユーリ「だって、百人と二千人はぜんぜん違うよ」

僕「じゃあ、**グラフ 5** を見たらどう感じる？」

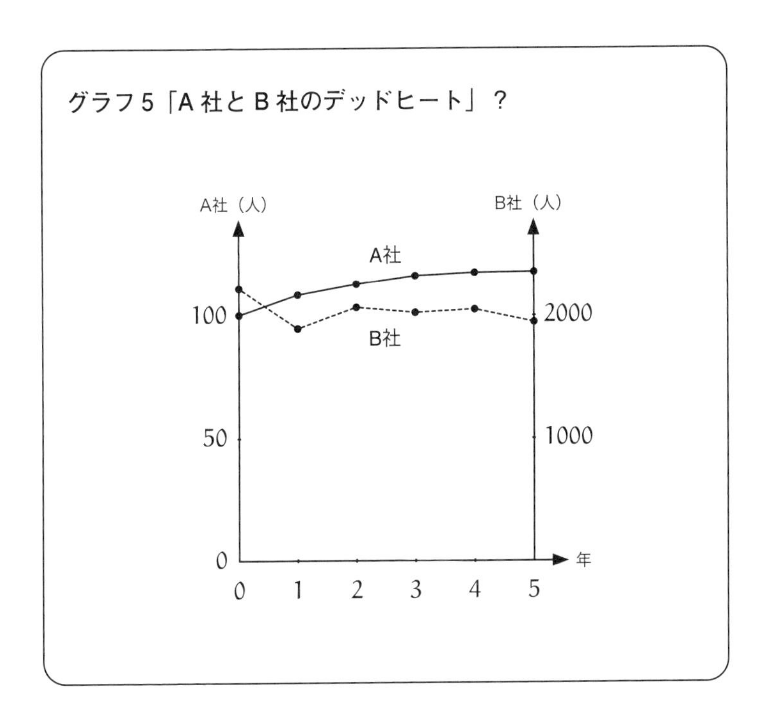

ユーリ「うわ！　これはずるいよお兄ちゃん！　A社とB社のグラフで目盛りがぜんぜん違うじゃん！」

僕「そうだね。グラフ5では、A社の目盛りは左側を使い、B社の目盛りは右側を使っている。このグラフだと、A社とB社というライバルがデッドヒートを繰り広げているように見えるね」

ユーリ「このグラフはさすがにアウトだよねー」

僕「A社とB社の《**社員数を比較**するグラフ》としてはアウトだね。でも、《社員数の**変化を比較**するグラフ》としては便利かもしれないよ」

ユーリ「変化を比較する？」

僕「さっきユーリが言ったじゃないか。A 社は少しずつ増えているけど、B 社は増えたり減ったりって」

ユーリ「ははーん……確かに、グラフ5だとそう見える」

僕「そうなんだよ。折れ線グラフは変化を見るのに向いている。グラフ5では、A 社と B 社の社員規模を調整して、両方の変化が比べられるようにしている。規模が違うものでも、比較したいことはあるからね」

ユーリ「なるほど……」

1.14 比較対象を選ぶ

ユーリ「それにしても、いろんなグラフが描けるもんだにゃ」

僕「A 社よりも B 社は規模が大きかった。逆に、A 社よりも規模が小さい C 社や D 社があったとして、そちらと比較すると、A 社に対する印象はまた変わるよ。**グラフ6**を見てみよう」

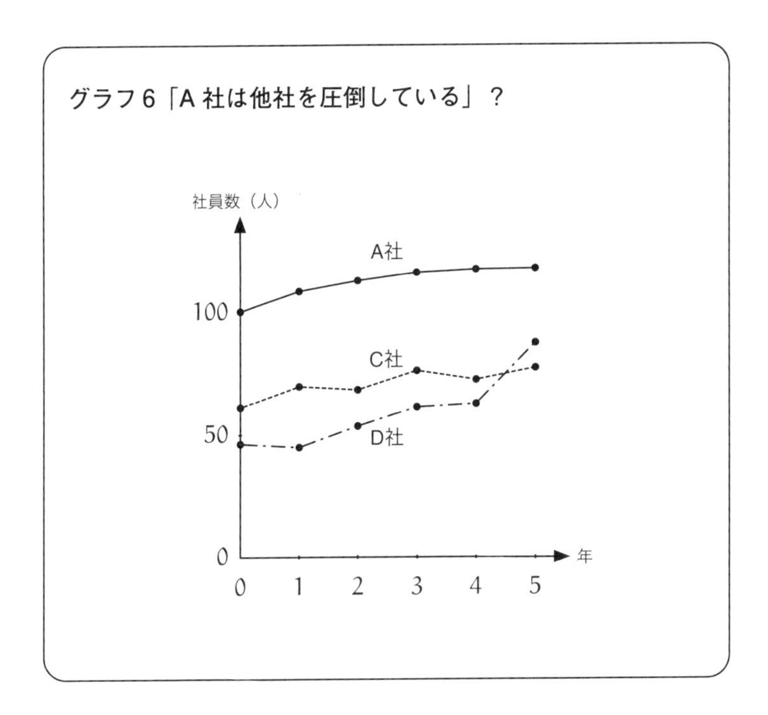

ユーリ「これはグラフ4と反対だね。社員が少ない会社と比べてる。これだとA社が大きく見える」

僕「そうそう」

ユーリ「これ、もう、グラフの話じゃないよね。《グラフをどう描くか》じゃなくて《どこの会社と比較するか》だもん」

僕「ああ、そうだね」

ユーリ「うーん、グラフはわかりやすいと思ってたけど、それほど単純じゃないんだ……」

僕「グラフを描く人の意図はどうしても必要になるから」

ユーリ「これって、数学なの？」

僕「人間の意図によって表し方が変わるという意味では、グラフを描くことは数学っぽくないかもしれない」

ユーリ「……」

僕「でも、データをもとにいろんな側面を調べるというのは、数学的なことだと思うけど。『何となく考える』んじゃなくて、『データをもとにして考える』のは大事なことだし、そのときにグラフが有効なのはまちがいないよ。ひとつのグラフだけですべてがわかると考えるのは大まちがいだけどね」

ユーリ「うん、それは思ってた。ひとつのグラフでわかることって、すんごく少ないもん。グラフを何枚も作ってみると、いろんなことがわかる」

僕「そうだね」

ユーリ「『このグラフ6で見る通り、A社は社員数で他社を圧倒しています』なーんて言われたら『だってB社が出てないじゃん』とか言いたくなる」

僕「まったくだ。数学が嘘をつくわけではないし、グラフが嘘をつくわけでもない。人間が嘘を紛れ込ませているんだね」

1.15 シェア争い

ユーリ「そもそもさー『他社を圧倒している』とか言っても、社員数が多ければいいのかって話もあるよねー」

僕「そりゃそうだ。鋭いな」

ユーリ「へへ」

僕「じゃあ、今度は、A 社と B 社で製品の**シェア争い**がどうなっているかを見てみよう」

ユーリ「シェア争いってなに？」

僕「どちらの製品が売れてるかってこと。A 社は α（アルファ）という製品を販売しているとしよう」

ユーリ「洗濯機とか？」

僕「なぜ洗濯機……まあ、なんでもいいけど。そして B 社は β（ベータ）という製品を販売している。簡単のために世の中ではこの二つの会社しか洗濯機を作っていないとしよう。世の中の洗濯機の何パーセントが製品 α で、何パーセントが製品 β かを調べたら、**グラフ 7** のようになった」

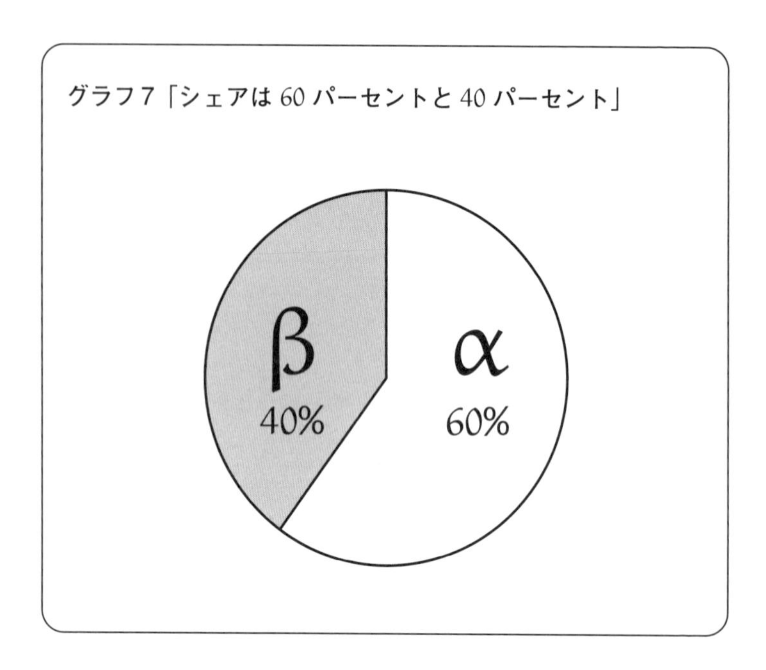

グラフ7「シェアは60パーセントと40パーセント」

ユーリ「今度は**円グラフ**だね」

僕「そうそう。全体を100パーセントとして、αが60パーセント、βが40パーセントのシェアを持っていたとする」

ユーリ「A社やるじゃん」

僕「ところで、A社の社長は、αがもっと大きなシェアを持っているように見せたいと思った」

ユーリ「またかいな。商(あきな)いはまっとーにやらんとあきまへんで」

僕「そこで**グラフ8**を作った」

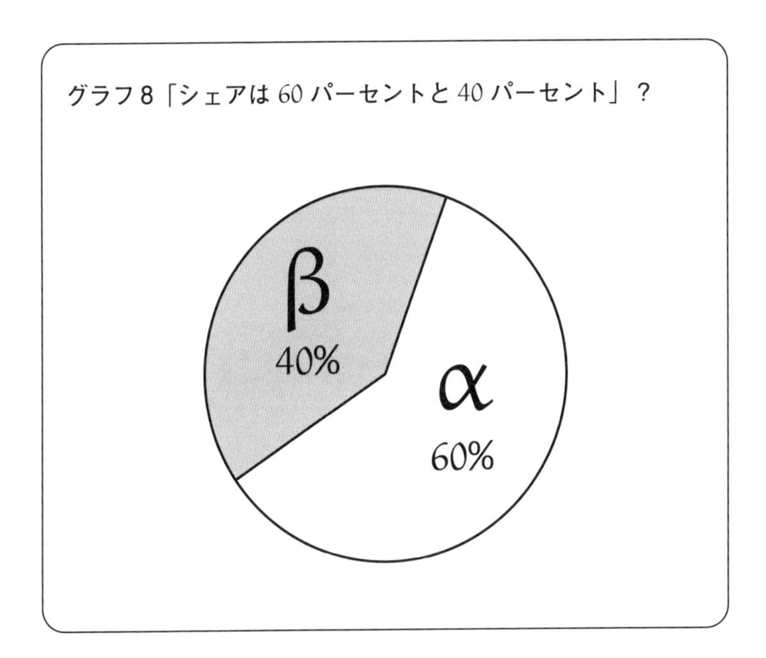

グラフ8「シェアは60パーセントと40パーセント」？

ユーリ「むむっ？ αのシェアが少し大きくなった？ ……うわ、ずるーい！ この円グラフ、上がずれてるじゃん！」

僕「そうなんだよ。普通は時計の12時の位置から始めるけれど、グラフ8では少しずらしている。αの分の扇形の角度は変わっていないんだけど、少し回転させているわけだ。これだけで印象がずいぶん変わるね」

ユーリ「まーね。少しだけどね」

僕「ここで遠近法を利用する」

ユーリ「えんきんほう？」

僕「**グラフ9**のように、円グラフを3次元の円板だと思って斜めから見るんだよ」

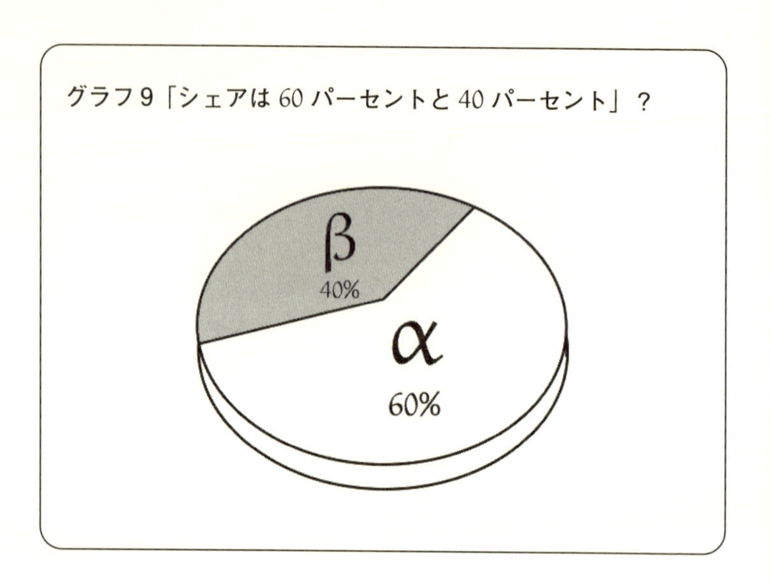

グラフ9「シェアは60パーセントと40パーセント」？

ユーリ「これは……」

僕「このグラフ9では、40パーセントの扇形が遠くにあるように描いているから、βがよけいに小さくなるんだね」

ユーリ「うわほんとだ」

僕「**3Dの円グラフはとてもよくない**。アウトだね。でも、もっとひどいグラフも描けるよ」

ユーリ「どんなの？」

僕「**グラフ10**のようなもの」

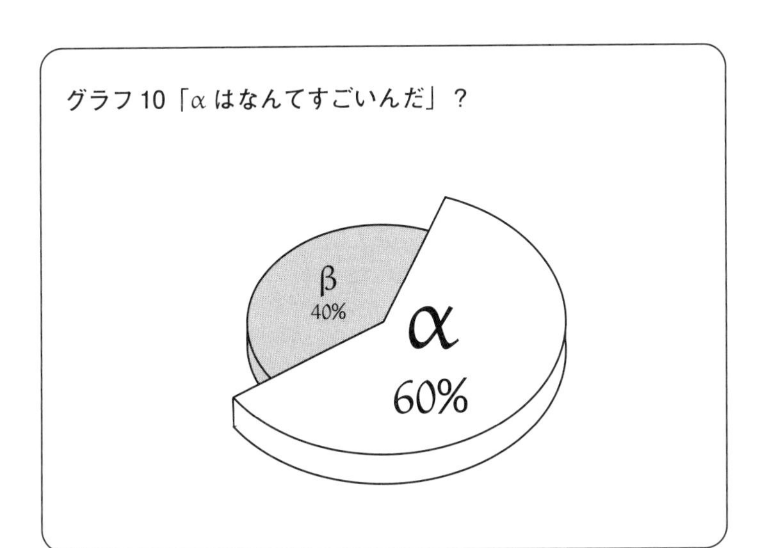

ユーリ「ひどすぎ！　ロコツ！」

僕「グラフ10では、αを描くときの半径をβよりも大きくしているね。それから、αの文字も大きく書いている」

ユーリ「うーん……」

1.16　何を比較するか

僕「3次元じゃなくても、**何と比較するか**を変えれば怪しい円グラフを描くことができるよ」

ユーリ「何と比較するかっていっても、製品はαとβしかないじゃん？」

僕「ここで、設定を少し変えて、製品 β には $\beta_1, \beta_2, \beta_3$ の3つのバージョンがあるとしよう。そして、β_1 は25パーセント、β_2 は10パーセント、β_3 は5パーセントのシェアがそれぞれある」

ユーリ「えーと、それは $25+10+5=40$ パーセントって意味？」

僕「そうだね。つまり、いまやろうとしているのは、製品 β のシェアを3つに**細分してしまう**ということ」

ユーリ「……」

僕「そのように細分したとしても、円グラフとしてはおかしくない。だって、すべてを合計したらちゃんと100パーセントになるから」

ユーリ「うーん」

僕「そうやって描いた円グラフが**グラフ11**になる」

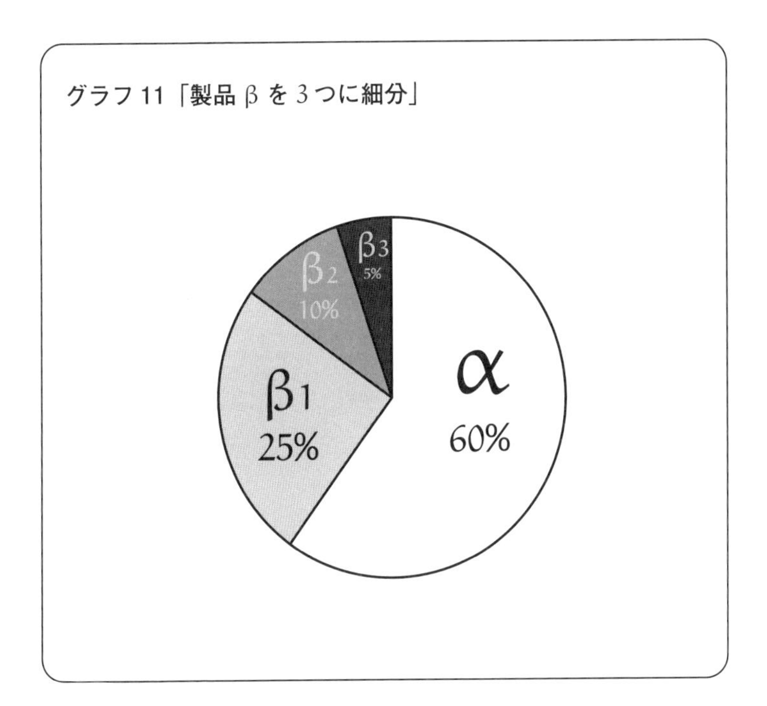

ユーリ「これだと製品 α が圧倒的に見えちゃう……」

僕「そうだね。使っているデータが同じでも、印象を変化させることができる。製品 β を《まとめて比較する》か《細分して比較する》かだけでね」

ユーリ「ずるいこと、いくらでもできそう」

僕「グラフは《パッとわかる》けど、それこそ危険なところなんだ。わかった気になっちゃうからね。そのグラフが何を表しているのか、目盛りと軸は正しいか、隠れた条件は何か、別の描き方ができないか……それを考えないと大変なことになるんだよ」

ユーリ「うーん……」

参考文献と Web ページ

- 奥村晴彦『R で楽しむ統計』(共立出版)
- ダレル・ハフ『統計でウソをつく法』(講談社)
- 「錯覚立体円グラフに(さらに)データ配置マジック」が混ぜられた「Apple が見せた iPad シェア」
  http://www.hirax.net/diaryweb/2012/09/16.html
- CHART OF THE DAY: Tim Cook Used These Charts To Make Fun Of Amazon And Google's Tablet Sales
  http://www.businessinsider.com/chart-of-the-day-ipad-market-share-2012-9

"正しくなければ、意味がない。"

第1章の問題

●問題 1-1（棒グラフを読む）

ある人が、製品Aと製品Bの性能を比較したものとして、以下の棒グラフを描きました。

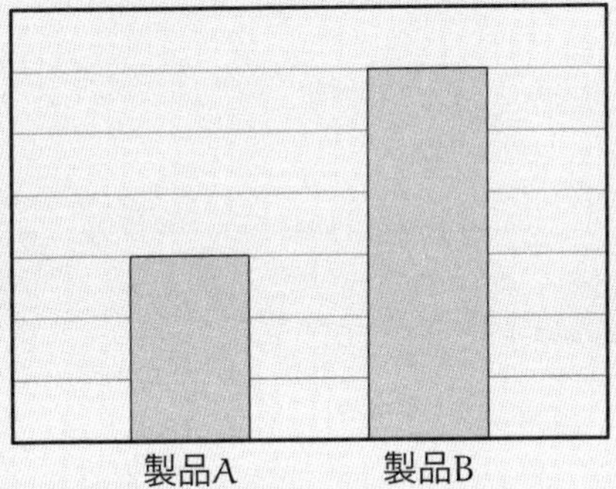

この棒グラフから「製品Aよりも製品Bのほうが性能がいい」といえますか。

（解答は p. 250）

●問題 1-2（折れ線グラフを読む）

次の折れ線グラフは、ある年の4月から6月までの期間、食堂Aとレストラン B の月ごとの来客数を比較したものです。

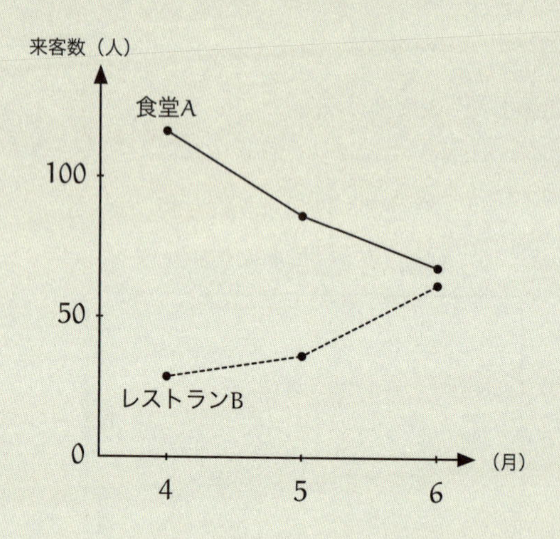

① この折れ線グラフから「食堂Aのほうが、レストランBよりも、もうかっている」といえますか。

② この折れ線グラフから「この期間で、レストランBは、月ごとの来客数が増加している」といえますか。

③ この折れ線グラフから「7月には、食堂Aの来客数よりもレストランBの来客数のほうが多くなる」といえますか。

（解答は p. 253）

●問題 1-3（トリックを見つける）
ある人が、以下の「購買者の年齢層」を表した円グラフを使って「この商品は 10 代〜20 代によく売れています」と主張しました。それに対して反論してください。

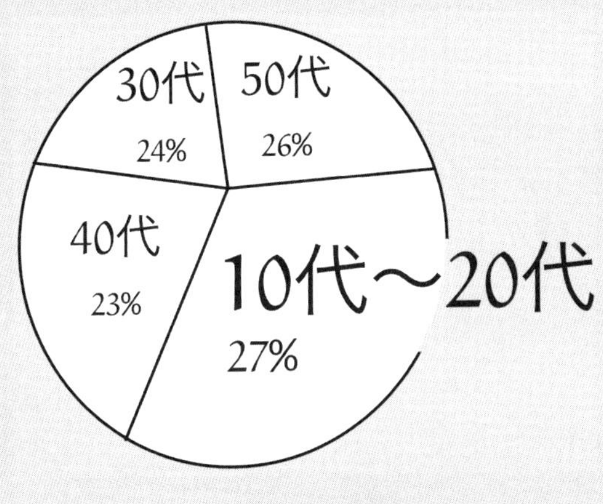

購買者の年齢層

（解答は p. 255）

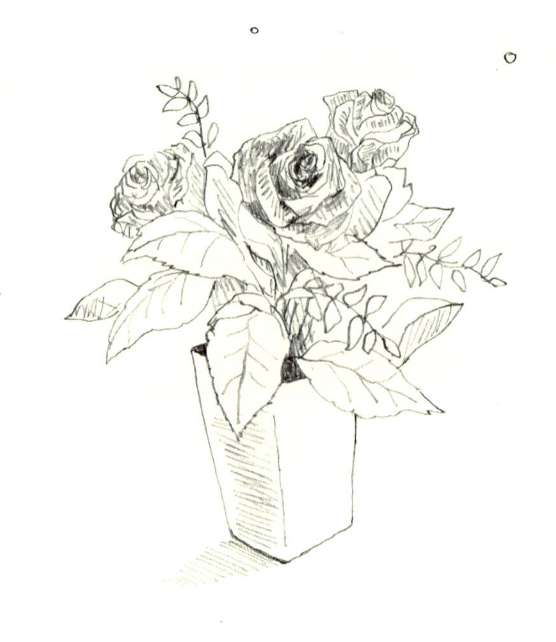

第2章

平らに均(なら)す平均

"たった一つの数から、何がいえる？"

2.1 テストの結果

ここは僕の部屋。今日も従妹(いとこ)のユーリが遊びに来ている。ジーンズにポニーテール姿だ。

僕「ユーリ、何だかうれしそうだね」

ユーリ「えっへへ、わかる？」

僕「わかるさ。にやにやしてるからね」

ユーリ「にやにやじゃなく、にこにこなんだけどなー」

僕「いいことあったの？」

ユーリ「へへー、ちょっとね。こないだのテストがね」

僕「ああ、点数よかったんだ」

ユーリ「5科目のうち最後の数学が返ってきて、100点！」

僕「すごい！ ……ところで、100点満点のテスト？」

ユーリ「その質問、ひっどいなー！ 100点満点だよー。今回、他の4科目わるかったから、ギリで助かった」

僕「数学を100点とって、平均点がアップしたんだね」

ユーリ「そーだよ。数学のおかげで平均点が5点もアップした！」

僕「なるほど。ユーリの5科目平均点は80点か」

ユーリ「んんんんんっ!? ちょっと待ったぁ！」

僕「え？ 違った？」

ユーリ「何でお兄ちゃんがユーリの平均点知ってんの？」

僕「知ってるのって……」

ユーリ「誰から聞いたのっ？」

僕「……ユーリから」

ユーリ「言ってないもん！ ユーリは——

- 最後の科目、数学は100点だった
- そのおかげで平均点は5点上がった

——って言っただけじゃん！」

僕「計算すればすぐわかるよ」

ユーリ「はああ？」

僕「つまり、こんな問題を解いたんだね」

問題 1（平均点を求める）
ユーリは 100 点満点のテストを 5 科目受験した。
最後の科目である数学は 100 点だった。
これによって平均点は 5 点上がった。
このとき、ユーリの 5 科目平均点を求めよ。

ユーリ「問題形式になんてしなくていーから！」

僕「簡単に解けるよ」

ユーリ「そっか……確かに解けるね。うー、不覚不覚！　数学 100 点で平均点 5 点上げたから、4 科目で 20 点分になって、5 科目平均点は数学の 100 点から 20 点引いて 80 点ってバレちゃうのか……うわー」

僕「え？ いまどんな計算をしたの？」

ユーリ「え？ ユーリはこうやって計算したよ。《5 科目平均点》よりも《数学の 100 点》が超えた点数を、《残りの 4 科目に分けてあげる》の」

僕「分けてあげる？」

ユーリ「5 点アップさせなきゃいけない科目が 4 科目あるんだから、$5 \times 4 = 20$ 点を数学から分けてあげることになるでしょ？　だから、数学の 100 点から 20 点引いた分が 5 科目平均点になる」

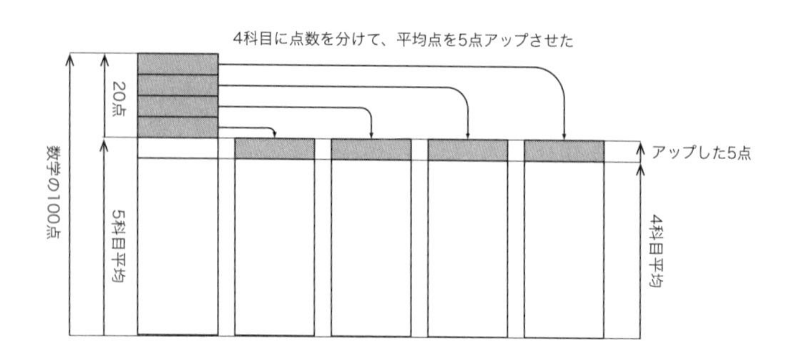

ユーリの考え
(数学の点数を 4 科目に分けて 5 点アップ)

僕「ああ、なるほど。数学の点数を 4 科目に分けてあげたら 5 点アップして、それで全科目の点数がそろったということだね。確かにこれはわかりやすいな」

ユーリ「へっへー」

僕「僕はこうやって解いたよ。数学を除いた 4 科目の平均点を x 点とすると、4 科目の合計点は $4x$ 点になる。それに 100 点の数学を加えて、5 科目の合計点は $4x+100$ 点だね。ところで、4 科目より 5 科目のほうが平均点が 5 点だけアップしてるから、5 科目の平均点は $x+5$ 点となる。ということは、5 科目の合計点は $5(x+5)$ 点ともいえる。こういう二つの見方で 5 科目の合計点を考えると、

$$4x + 100 = 5(x + 5)$$

という 1 次方程式が立てられる。これを解くと $x = 75$ になる。つまり、4 科目の平均点は 75 点で、5 科目の平均点は 80 点」

ユーリ「え、お兄ちゃんはこれ、暗算で解けるの？」

僕「まあ、このくらいは。ちゃんと書いてもいいけど——

$$
\begin{aligned}
4x + 100 &= 5(x+5) && \text{上の 1 次方程式} \\
4x + 100 &= 5x + 25 && \text{右辺を展開した} \\
100 - 25 &= 5x - 4x && \text{移項した} \\
x &= 75 && \text{計算して右辺と左辺を交換した}
\end{aligned}
$$

——結果は同じだね」

ユーリ「そーだねー……じゃなくて！ さりげなくテストの点数聞き出すなんて、ひどくない？」

僕「ごめんごめん」

ユーリ「うっかり数学トリックに引っかかってしまったぜ！」

僕「トリックでも何でもないよ……」

解答 1（平均点を求める）
ユーリの 5 科目平均点は 80 点である。

ユーリ「平均ってアナドれない……」

僕「平均は**代表値**のひとつだね」

ユーリ「だいひょうち？」

2.2 代表値

僕「テストの点数に限らない話だけど、**データ**としてたくさんの数を扱いたいことはよくある。でも、数があまりにも多すぎると扱いにくくなる。だから、たくさんの数を《1個の数》で代表させたい。その数さえわかっていたら、たくさんの数を一つ一つ知らなくても、データについてある程度のことがわかる——そんな数のことを、**代表値**っていうんだよ。平均は代表値の一種だね。平均値ということもある」

ユーリ「ふーん」

僕「さっきの計算でも、ユーリの点数が全科目バレたわけじゃないよね。数学だけは100点とわかっているけれど、他の科目についてはわからない。たとえば数学100点で、残りの4科目がぜんぶ75点だったら、5科目平均点は80点になるけど、実際の点数はわからない」

ユーリ「今回は社会が足を引っ張ったんだよー」

僕「でも平均点が80点だってわかると、成績の様子はある程度わかる。5科目の平均点が80点ということは、5科目の合計点は400点だってこともわかるよね」

ユーリ「具体的な点数はいいから！」

僕「今回のテスト、ユーリは数学で100点だった。100点は、ユーリの5科目の点数というデータの中で**最大値**になるよね。最大値も代表値の一種だよ」

ユーリ「あ、代表値って平均だけじゃないんだ」

僕「そうだね。代表値にはたくさんの種類があるよ。最大値と同じように**最小値**も代表値の一種になる。で、足を引っ張ったという社会は何点？」

ユーリ「モクヒします。しつこいと嫌われるよ！」

僕「黙秘権を行使されてしまった。じゃあ、ユーリの点数を追求するのはもうやめることにしようか」

ユーリ「当然じゃ。ところで、最大値が代表値の一つって、ナットクできなーい」

僕「どうしてだろう」

ユーリ「だって、最大値って、データの中で一番大きな数ってことでしょ。他にどんだけ小さな数があっても最大値は変わらないじゃん？　それなのに代表値なの？」

僕「うん、最大値や最小値も代表値の一種だね。ユーリがいいたいことはわかるよ。確かにデータの中に小さい数がいくらあっても、最大値は変わらない。二つのクラス、A組とB組で数学の点数を比べるとき、A組にもB組にも100点とった生徒が1人でもいたら、どちらのクラスの点数も最大値は100点で同じになっちゃうね」

ユーリ「そーだよ。もしかしたらA組は100点の生徒が1人だけであとは全員0点かもしんない。B組は全員が100点かもしんない。それなのに両方とも最大値は100点じゃん！それじゃ、代表値っていってもぜんぜんデータを代表してない！」

僕「うん、確かに『A 組と B 組で、クラス全体として点数が良かったのはどちらか』を調べたいときには、最大値を使うのはふさわしくないね。代表値にはいろんな種類があるから、どんなときにどんな代表値を使うかを考えなくちゃいけない。それから、データについて何か話している人がいたら、『どんな代表値を使って話しているのか』を注意して聞かなきゃいけない」

ユーリ「最大値を代表値として使うときなんて、あるの？」

僕「そりゃあるさ。試験でもスポーツ大会でも《一番大きな値》は注目されるよね。たとえばマラソンランナーの過去の記録で一番大きな値は何か、というのはその選手の最高の力を表現するわけだから。自己ベストタイムは大事だろ？」

ユーリ「なるほど、そりゃそーか。でもお兄ちゃん、マラソンランナーの場合はタイムだから《最大値》じゃなくて《最小値》に注目するよね」

僕「うっ……」

ユーリ「平均、最大値、最小値の三種類だけが代表値なの？」

僕「他にもあるよ。たとえば、**最頻値**（さいひんち）」

ユーリ「さいひんち？」

2.3 最頻値

僕「最頻値の話をする前に、平均だとまずい場合のことを話そうか。たくさんの数の代表値として平均はよく使われる。でも、平均だけではよくわからない場合もある。たとえば、さっきユーリも言ってたような極端な例を使うね。生徒がぜんぶで 10 人いて——

- 1 人の生徒が 100 点を取った
- 残りの 9 人は全員 0 点を取った

——としよう」

ユーリ「ひとり勝ち！」

僕「このとき平均点……つまり、点数の平均は？」

ユーリ「合計点は 1 人が稼いだ 100 点しかなくて、人数は 10 人だから、$100 \div 10 = 10$ で平均は 10 点」

僕「そうだね。全員の合計点を人数で割って、平均は 10 点。この平均の**計算は正しい**けど、でも、変な感じがしない？」

ユーリ「『平均が 10 点』だと『ほとんどの人が 10 点取ってる』みたい」

僕「そうだよね。そう考えたくなる。でもこの場合、ほぼ全員が 0 点を取ってる。だから、『平均が 10 点だから、ほとんどの人が 10 点取ってる』という**解釈は正しくない**」

ユーリ「正しいけど、正しくないって変なの！」

僕「それはね……

- 平均をどのように計算するか
- 平均をどのように解釈するか

この二つが別のものだからだよ。平均の計算が正しくても、得られた平均の解釈は正しくないことがある」

ユーリ「『ほとんどの人が 10 点取ってる』という解釈は正しくないってこと？」

僕「そうだよ。『平均が 10 点』だからといって『ほとんどの人が 10 点取ってる』とはいえないから」

ユーリ「でも、10 人中 9 人が 0 点だからといって、『この場合は平均を 0 点に変えちゃおう！』なんてできないじゃん？」

僕「できないよ。平均の計算方法を勝手に変えちゃだめだね」

ユーリ「そっか。平均を使うんじゃなくて、最小値を使えばいーのか。『最小値は 0 点だから、0 点を取っている人がいる』という解釈は正しいでしょ？」

僕「それは正しい。でも、《ひとり勝ち》のデータを見たときに僕たちが感じる『0 点を取ってる人が多い』という感覚は、最小値では表現できないね」

ユーリ「まーね……」

僕「平均ではデータの様子をうまく表現できないことがある。そんなときのために、別の代表値がある。その一つが**最頻値**なんだよ。最頻値の『頻(ひん)』は、頻繁(ひんぱん)の『頻』。さっきの例でいうと、100 点の人は 1 人で、0 点の人が 9 人だった。人数がいちばん多い9人が0点をとった。この場合『最頻値は0点』になる」

ユーリ「にゃるほど。そっか！『最頻値は0点』といえば、『0点を取っている人が一番多い』っていえるんだね」

僕「そういうこと。その解釈は正しいよ、ユーリ。これで、最大値、最小値、平均、最頻値という代表値が出てきたね」

ユーリ「これでぜんぶ？」

僕「いやいや、代表値はもっとあるよ。たとえば、中央値」

2.4 中央値

僕「10人の生徒が10点満点のテストを受けて、こんな結果になったとしよう」

点数	0	1	2	3	4	5	6	7	8	9	10
人数	1	2	2	1	3	0	0	0	0	0	1

ユーリ「最大値の10点を取った1人が飛び抜けて輝いてるね」

僕「最大値は10点、最小値は0点、平均は？」

ユーリ「えーと……全員の合計点を出して、人数で割るってことだから、まず点数×人数を求めて……

点数	0	1	2	3	4	5	6	7	8	9	10
人数	1	2	2	1	3	0	0	0	0	0	1
点数×人数	0	2	4	3	12	0	0	0	0	0	10

全部足して10で割るんでしょ？ (2+4+3+12+10)÷10＝31÷10＝3.1だから、平均は3.1点」

僕「それでいいね。平均は3.1点。それから、最頻値は4点になる。人数が一番多いのは4点だから」

点数	0	1	2	3	4	5	6	7	8	9	10
人数	1	2	2	1	3	0	0	0	0	0	1

ユーリ「それで？」

僕「このデータを見てみると、1人だけ飛び抜けて点数が高い人がいる。そして、この人が平均を上げている」

ユーリ「でも、それはあたりまえでしょ？」

僕「そうだね。こういう飛び抜けた値のことを**外れ値**(はずれち)っていうんだけど、場合によってはそういう外れ値の影響を受けない代表値がほしくなる場合もある。それが**中央値**なんだ」

ユーリ「中央……まんなかの値？」

僕「そう。生徒を点数順にずらっと一列に並べる。そして、その真ん中にいる生徒の点数が中央値になる。言い換えると、その点数以上の生徒の人数と、その点数以下の生徒の人数が等しくなるような値が中央値なんだ。あ、同点の人がいたら人数が等しくなるとは限らないけど」

ユーリ「んー……」

僕「何かおかしい？」

ユーリ「《例示は理解の試金石(しきんせき)》ってお兄ちゃんがよく言うから、さっきのデータで中央値を考えようと思ったんだけど……ここには10人いて、偶数だから、まんなかの人いないじゃん！」

僕「ああ、偶数人のときには真ん中をはさむ2人の平均を中央値にすることに決まってるんだよ」

ユーリ「なーんだ。だったら、このデータの中央値は上から5人目と下から5人目の平均？」

僕「そうなるね」

ユーリ「上から5人目は3点で、下から5人目は2点だから、平均を取って2.5点。中央値は2.5点？」

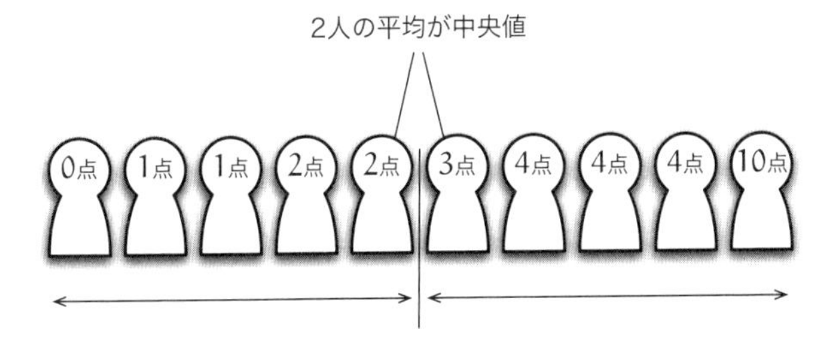

僕「はい、正解」

さまざまな代表値

点数	0	1	2	3	4	5	6	7	8	9	10
人数	1	2	2	1	3	0	0	0	0	0	1

最大値 10 点　（10 点が最も大きい値）
最小値 0 点　（0 点が最も小さい値）
平均 3.1 点　（合計点を人数で割ったら 3.1 点）
最頻値 4 点　（4 点を取った人が最も多い）
中央値 2.5 点　（点数順に並べて中央に来た人の点数。偶数人なので中央の 2 人の平均 2.5 点）

ユーリ「ねーお兄ちゃん。これはこれでわかったんだけど、こんなにたくさん代表値があったら、どれで考えればいいか、ごちゃごちゃすんじゃない？」

僕「あはは、そうだね。《代表値の代表値》がほしくなるかも」

ユーリ「平均はわかる。よく使うもん。最大値と最小値もわかる。最頻値は一番多いところだからそれもわかる。何だかよくわかんないのが中央値」

僕「え、そうかなあ。中央値はわかりやすいじゃないか。だって点数の順番に並べて……」

ユーリ「平均と最頻値があればいーじゃん」

僕「そんなことはないよ。たとえばニュースにもよく出てくるけど、年収や資産を考えるときには、中央値は大事な値になる」

ユーリ「へー」

僕「中央値はデータの中に《外れ値》があっても影響を受けない。だから、とんでもない大富豪がいても中央値は影響を受けないんだ」

ユーリ「あ、なるほど……でも、ほとんどの人が大富豪だったら、中央値でも影響を受けるんじゃないの？」

僕「ほとんどの人が大富豪だったら、大富豪はもう《外れ値》じゃないよ」

ユーリ「そっか」

僕「もちろん、代表値はたった一つの数でデータ全体の様子をつかもうとしているわけだから、どうしても無理はある」

ユーリ「無理って？」

僕「つまり、一つの代表値でデータ全体がすべてわかるわけじゃないってこと」

ユーリ「……そもそも、どーしてわざわざ一つの数にしなくちゃいけないの？　データの様子なんて、**グラフ**を描けばわかるんじゃないの？」

僕「確かにグラフは大事だね。それでも、代表値をつかまえておくと便利なことが多い。たとえば、毎年毎年変化していくデータというのはよくある。そのときに、代表値は役立つね」

ユーリ「そかそか。たくさんの数をまとめて一つの数にしておけば、その変化を調べやすいってこと？　平均のグラフを描いたりして？」

僕「そうだね、それもまたデータを見る方法になる」

ユーリ「あれ？　……でも、わかんなくなってきた。グラフで平均ってどこになるの？」

2.5　ヒストグラム

僕「『平均がどこになる』ってどういう意味？」

ユーリ「このデータを、グラフに描くとするじゃん？」

点数	0	1	2	3	4	5	6	7	8	9	10
人数	1	2	2	1	3	0	0	0	0	0	1

僕「うん。**ヒストグラム**だね。こんなふうに」

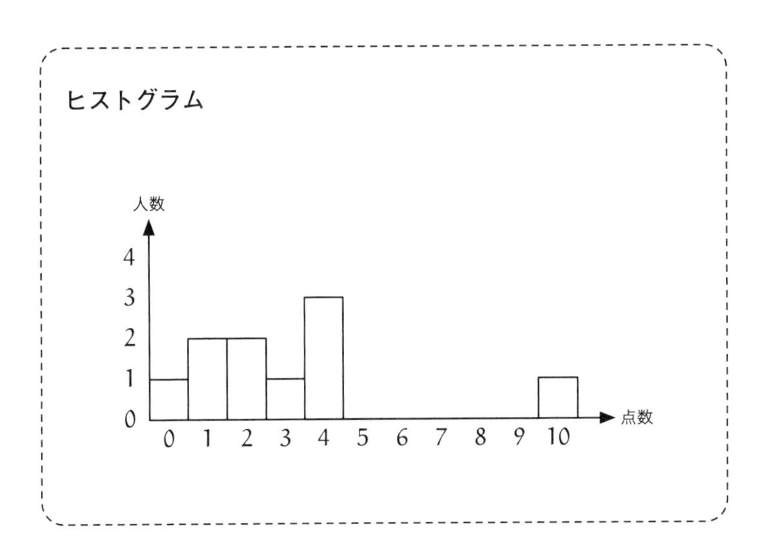

ユーリ「それそれ。お兄ちゃんがいってた代表値って、ぜんぶグラフでわかるじゃん？」

僕「グラフでわかる？」

ユーリ「たとえば、最小値と最大値はここでしょ？」

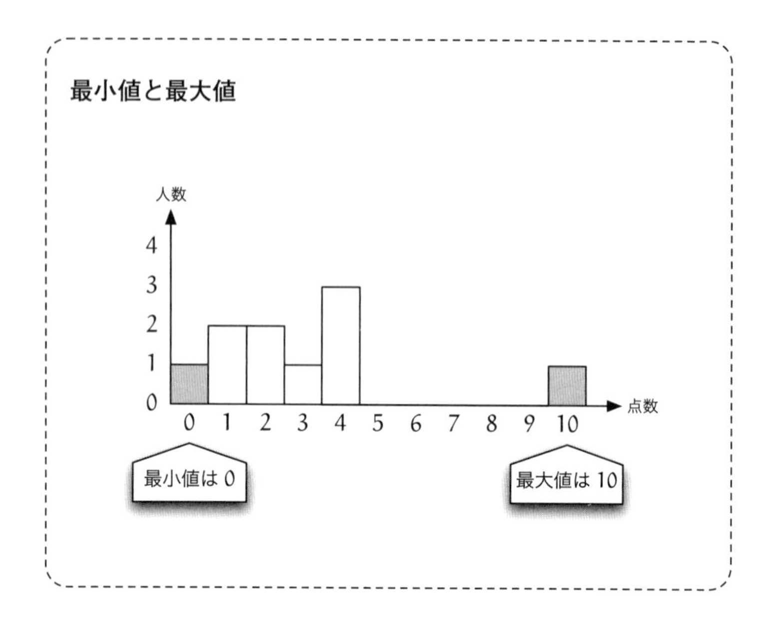

僕「ああ、そういうことか」

ユーリ「それから最頻値は、人数が一番多い点数でしょ？」

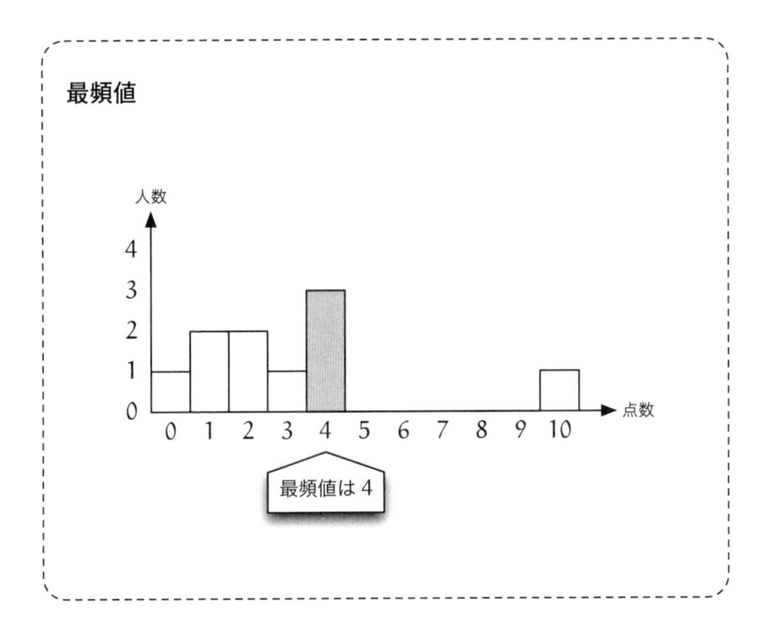

僕「そうだね。そして中央値は……」

ユーリ「中央値は、**ちょうど左右の面積が等しくなるところ**！」

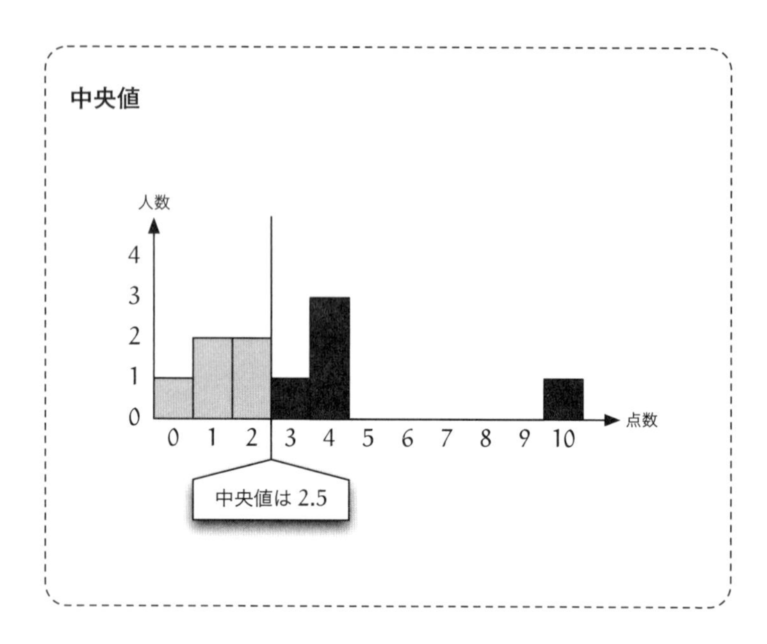

僕「そうそう！　よくわかっているなあ」

ユーリ「中央値は 2.5 でしょ。2.5 点よりも左にちょうど 5 人いて、2.5 点よりも右にちょうど 5 人いる！」

僕「その通りだね。中央値でヒストグラムを左右に分けるとちょうど左右の面積が等しくなる。同点の人がいると、そうならないこともあるけれどね」

ユーリ「それはいーけど、**平均はグラフのどこになるの？**　一番わかってると思ってた平均がわかんなくなった」

僕「なるほどなあ。この場合は平均が 3.1 だから、線を引くとしたらここだね。中央値よりも平均は右に来た。これは、10点の1人が、平均点を引き上げたんだ」

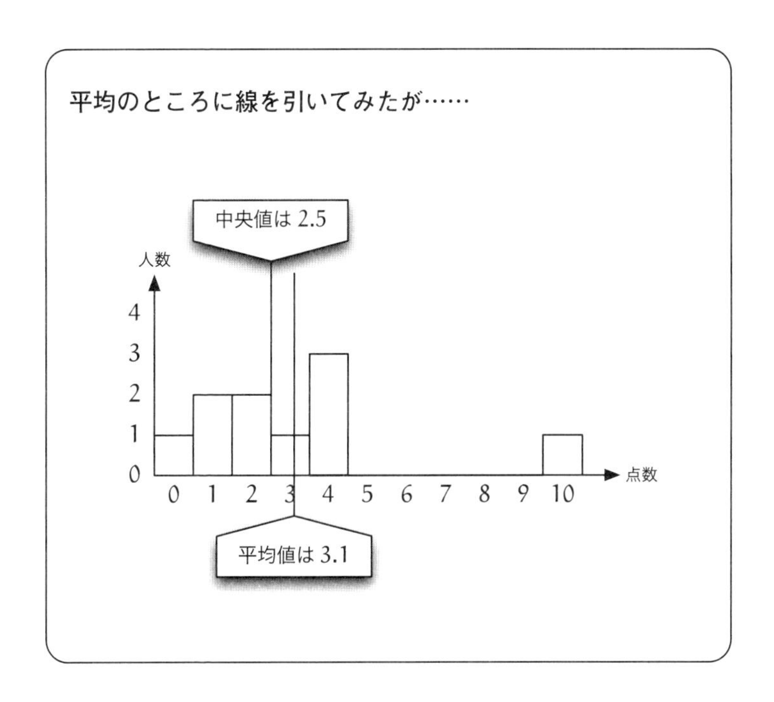

ユーリ「違うの。平均がそこになるのはわかっているの。そーじゃなくて、なんてゆーか……」

僕「このデータでの中央値は『ヒストグラムをちょうど等しい面積で2分割する位置』といえるけど、それと同じように平均はヒストグラムでどういう位置になるか——ってことだろ？」

ユーリ「そーなの。どーゆー意味があるの？」

僕「確かにこれは難しい問題だな」

ユーリ「えー、お兄ちゃんにもわかんないの？」

僕「いや、わかるよ」

ユーリ「早く教えてよ」

僕「ではここで問題です」

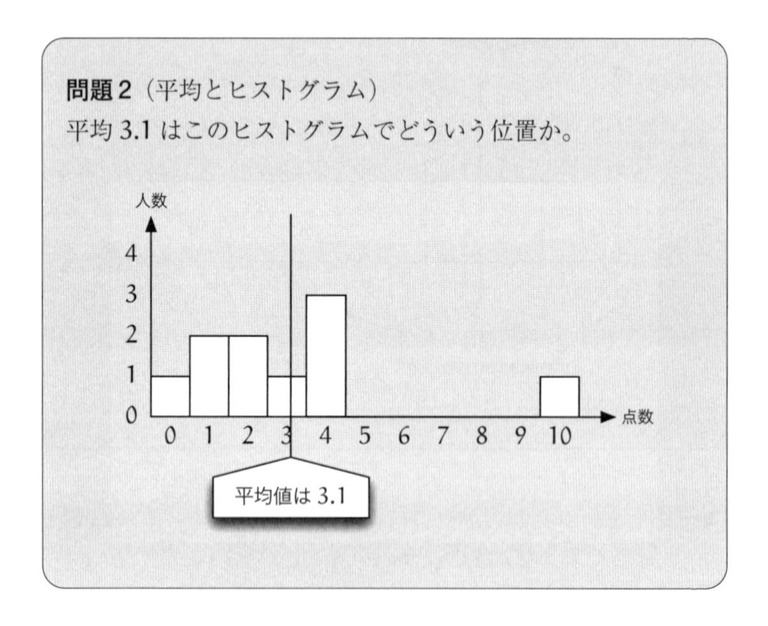

ユーリ「問題形式になんてしなくていーから！」

僕「平均の計算方法を思い出してみるとわかるよ」

ユーリ「掛けて割った」

僕「……何と何を掛けて、何で割ったの？」

ユーリ「点数と人数を掛けて、ぜんぶ足してから、ぜんぶの人数で割った」

$$\frac{0 \times 《0\text{ 点の人数}》 + 1 \times 《1\text{ 点の人数}》 + \cdots + 10 \times 《10\text{ 点の人数}》}{\text{全体の人数}}$$

僕「そうだね。言い換えると、それぞれの点数に《その点数を取った人の人数》という《重み》をつけたといえる」

ユーリ「重み……わかった！ バランスするところなんだ！」

僕「そうだね。大正解だ。ヒストグラムの高さ分だけ《重み》があると考えたとき、平均はちょうど横軸の**重心**になるんだよ」

解答2（平均とヒストグラム）
平均の位置は横軸の重心になる。

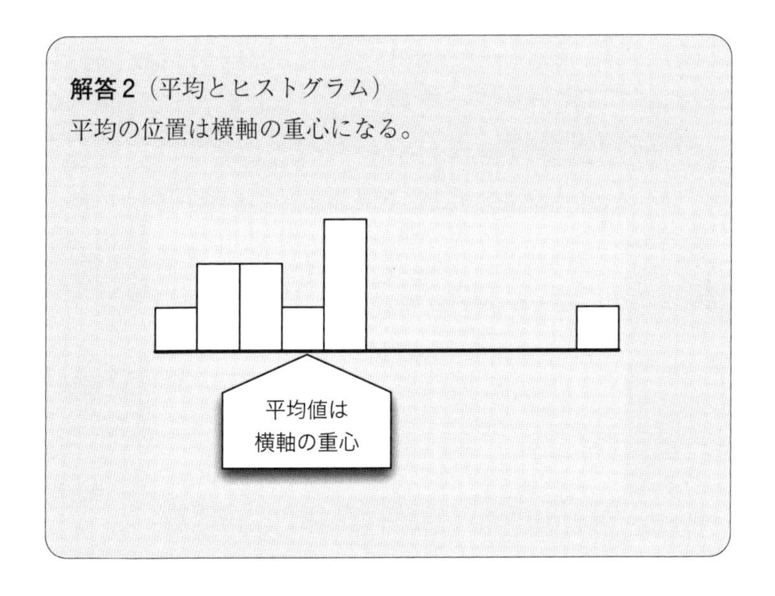

ユーリ「なーるほどね。そんならナットク。10点くんは、遠くに離れているから、1人でも効くんだ」

僕「そういうことになるね。10点を取った人は外れ値だけど平均には大きく影響を与える。だから、外れ値があるときは、平均だけじゃなくて中央値も確かめるほうがいいね。でないと、データ全体の様子を勘違いするかもしれないから」

ユーリ「ふんふん……」

2.6　最頻値

僕「代表値にはそれぞれ使いどころがあるわけだよ」

ユーリ「あれ、でも、たとえば最頻値なんかはいつでも便利だよ。だって、最頻値って一番多いとこでしょ？　だったら調べる価値あるじゃん？」

僕「調べる価値はあるけれど、代表値としては適切じゃない場合もあるよ」

ユーリ「え？　そーかなー」

僕「じゃあ、クイズにしてみよう」

クイズ

最頻値が代表値として不適切な場合はどんなときか。

ユーリ「最頻値が不適切な場合なんて、思いつかにゃい……」

僕「そうかな？」

ユーリ「……ばかばかしい答えは思いつくよ。たとえば、全員が同点の場合！　全員が同点だったら、最頻値は決まらないもん」

僕「いや、全員が同点だったら最頻値は決まるよ。その点数が最頻値になる。ユーリがいいたいのは《すべての点数が同じ人数になる場合》じゃないの？」

ユーリ「あ、そーだった」

僕「すべての点数が同じ人数……つまり**一様分布**（いちようぶんぷ）の場合には、最頻値は決まらない」

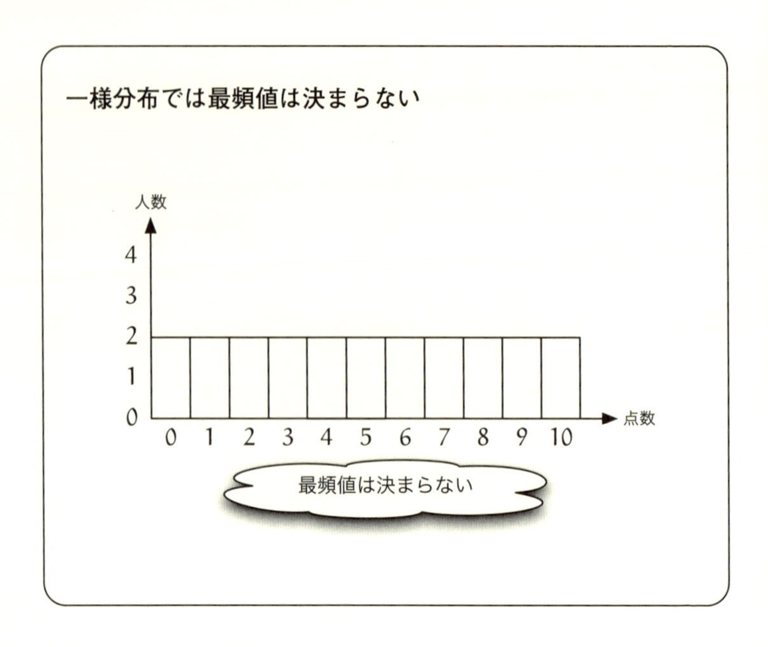

ユーリ「これが答えなの？」

僕「これだけじゃないよ。ヒストグラムがこんな形になる場合でも、最頻値は決まらない」

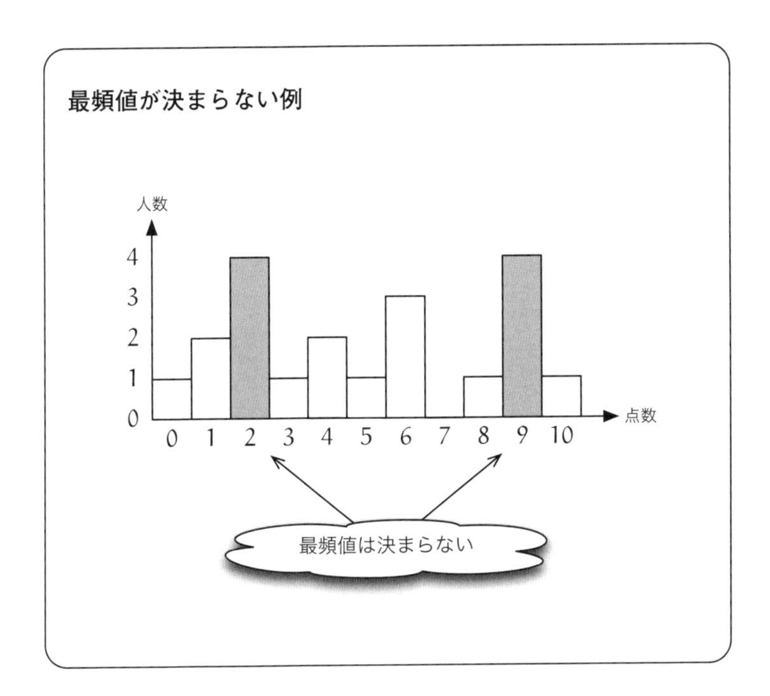

ユーリ「そだね」

僕「もしも、人数がぴったり同じでなければ最頻値は決まることは決まるけど、その場合でも、差が小さければあまり意味はない。だって、ほんのちょっとしたことで最頻値が大きく変化してしまうから。最頻値が代表値として意味を持つのは、**はっきりした山が一つのとき**だけだね」

ユーリ「なるほど！……むむ！《代表値攻撃法》を思いついた！」

僕「なんだそりゃ」

2.7　代表値攻撃法

ユーリ「ほら、お兄ちゃんがいま言ってたのは《最頻値が代表値として意味を持たない場合》って話じゃん？」

僕「そうだね」

ユーリ「それって、最頻値を《攻撃》してたわけ。でね、ユーリが考えたのは《代表値がぜんぶ意味を持たない場合》を見つけるの！　じゃじゃん！」

僕「いや『じゃじゃん！』じゃないよ。平均はいつでも計算できるし」

ユーリ「平均はいつでも計算できるけど、ほら、大きな外れ値があると平均だけじゃだめで、中央値も合わせて調べるって言ったじゃん」

僕「言ったけど……？」

ユーリ「ユーリが考えた代表値攻撃法はこれ！　じゃじゃん！」

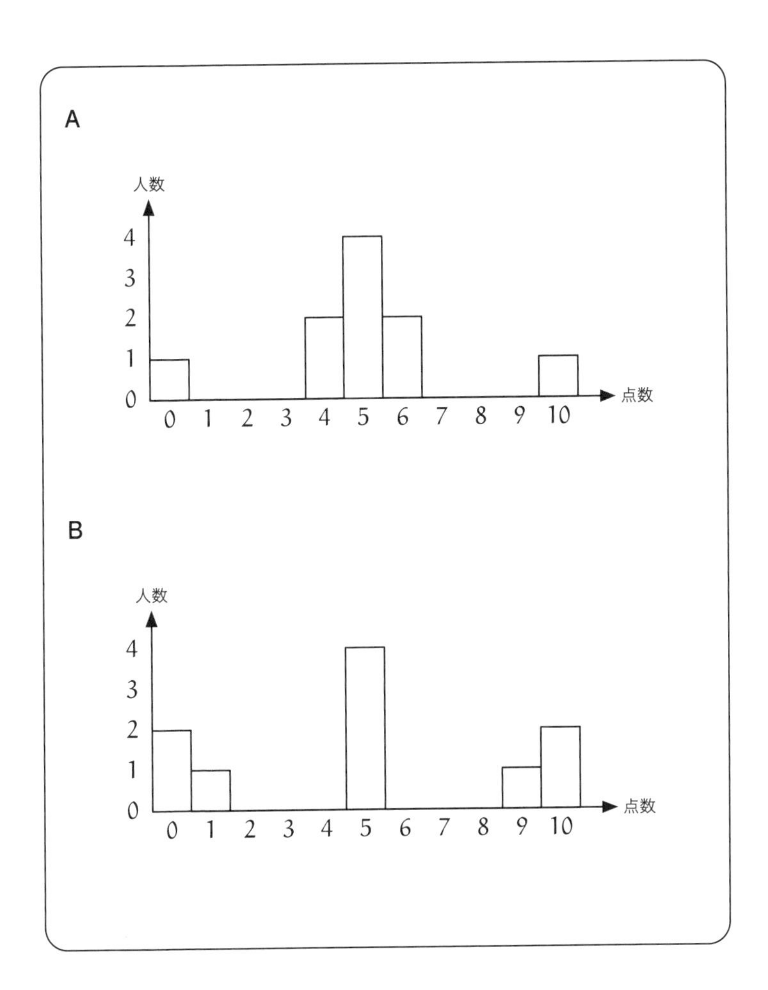

僕「ほほー？」

ユーリ「ね？　**A と B は《最大値、最小値、平均、最頻値、中央値》のどれを使っても区別できない！**　でも、この A と B は同じとはいえないよねー。さてさて、この攻撃に代表値くんはどう反撃するかね？」

僕「ユーリは何と戦っているんだ」

ユーリ「お兄ちゃんと」

僕「確かにAとBのどちらも、

- 最大値10点
- 最小値0点
- 平均5点
- 最頻値5点
- 中央値5点

になっているな。代表値5種類ぜんぶがAとBで一致する――でも、ねえ、ユーリ。代表値は一つの数にすぎないんだから、分布をいつも区別できるわけじゃないよ……いや、この場合にはアレが使えるな」

ユーリ「アレ？」

僕「こんなふうに反撃してみよう。代表値という言い方はやめて、統計量という言い方にしたよ」

問題3（統計量を考える）

以下のAとBを区別できるような統計量を作ってみよ。

A

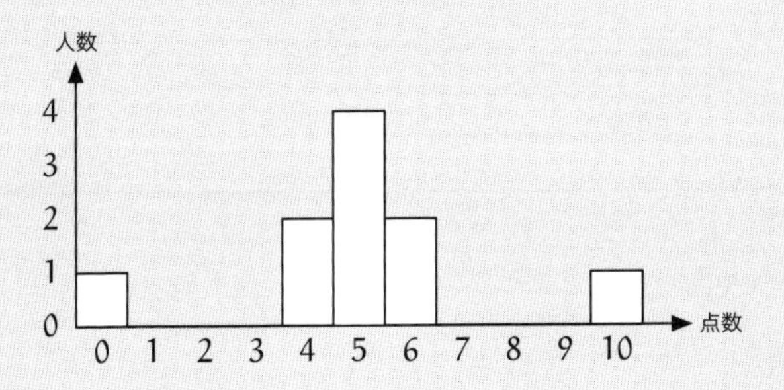

B

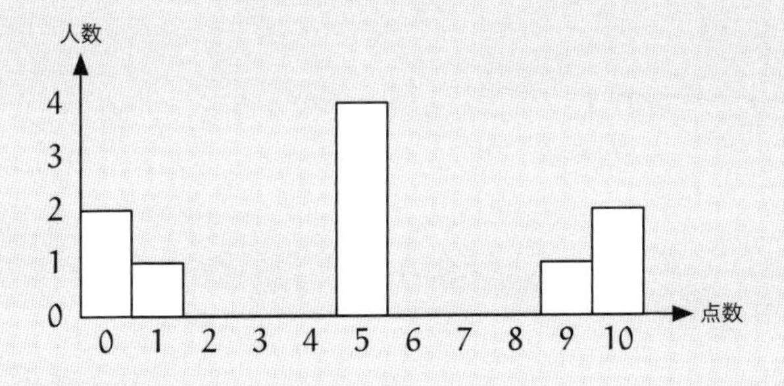

A

点数	0	1	2	3	4	5	6	7	8	9	10
人数	1	0	0	0	2	4	2	0	0	0	1

B

点数	0	1	2	3	4	5	6	7	8	9	10
人数	2	1	0	0	0	4	0	0	0	1	2

ユーリ「問題にするなー！ お兄ちゃんは誰と戦ってんの?!」

僕「誰とも戦ってないよ」

ユーリ「せっかく区別がつかないデータを考えたのに、AとBを区別する統計量を作れって？」

僕「そうだね。そんな統計量を考えられる？」

ユーリ「AもBも、ちょうど真ん中でバランスするようにしたから、平均は同じ。真ん中に山を持ってきたから最頻値もAとBで同じ。左右対称にしたからさらに中央値もAとBで同じ。最小値と最大値もAとBで同じになるように0点と10点に配置したのに、これをどーやって区別するか……」

僕「大丈夫。ユーリならできるよ」

ユーリ「Bは両端が《重く》なってるから、それを何とか」

僕「おお、いい線いってる」

ユーリ「うーん。ヒント出てこないかにゃあ……（ちらっ）」

僕「じゃあ、ヒント。《平均からどれだけ離れているか》を考える」

ユーリ「あっ！ ……それってもう答えじゃん。平均点から何点超えたかを合計するんでしょ？」

僕「データに含まれている一つ一つの数値から平均を引いた値を、それぞれの数値の**偏差**(へんさ)っていうんだけど」

ユーリ「偏差値？」

僕「違う違う。偏差値じゃなくて、偏差。ユーリがいま言った《平均点から何点超えたかを合計する》っていうのは、《偏差を合計する》ってこと？」

ユーリ「えーと、たぶん。あ、もちろん人数の重みを付けるけど」

僕「実際に計算してごらんよ」

ユーリ「A も B も平均点は 5 点だから、5 を引けばいい」

Aで、偏差を調べる

$$偏差 = 点数 - 平均$$

点数	0	1	2	3	4	5	6	7	8	9	10
偏差	−5	−4	−3	−2	−1	0	1	2	3	4	5
人数	1	0	0	0	2	4	2	0	0	0	1
偏差 × 人数	−5	0	0	0	−2	0	2	0	0	0	5

合計を求める。

$$-5 + (-2) + 2 + 5 = 0$$

ユーリ「おー、Aはちょうど0になったね」

僕「……」

ユーリ「次はBで計算」

Bで、偏差を調べる

$$\text{偏差} = \text{点数} - \text{平均}$$

点数	0	1	2	3	4	5	6	7	8	9	10
偏差	−5	−4	−3	−2	−1	0	1	2	3	4	5
人数	2	1	0	0	0	4	0	0	0	1	2
偏差 × 人数	−10	−4	0	0	0	0	0	0	0	4	10

合計を求める。

$$-10 + (-4) + 4 + 10 = 0$$

ユーリ「ありゃ。両方0だ。AとB区別できない！」

僕「どんなデータでも、偏差の合計は必ず0になるんだよ」

ユーリ「え？ 必ず？」

僕「必ず。たとえば、a, b, c という数値からなるデータがあるとしよう。その平均を m としたら、

$$m = \frac{a + b + c}{3}$$

だよね」

ユーリ「そーだね」

僕「偏差は $a - m, b - m, c - m$ になる。合計はどうなる？」

ユーリ「$(a - m) + (b - m) + (c - m)$ になるから……

$$
\begin{aligned}
&(a-m)+(b-m)+(c-m) && \text{偏差の合計}\\
&=a+b+c-3m && \text{カッコをはずした}\\
&=a+b+c-3\times\frac{a+b+c}{3} && m=\tfrac{a+b+c}{3}\ \text{だから}\\
&=a+b+c-(a+b+c)\\
&=0
\end{aligned}
$$

……わかった。確かに0になる！」

僕「そうだね。いまは3個で試したけど、n個でも同じことだよ。《偏差の合計》はいつも0になるから、AとBは区別できない」

ユーリ「そっか……あ！ プラスとマイナス両方あるからだめなんじゃん！ **偏差の絶対値**を取ればいい！」

僕「ユーリは賢いなあ。じゃあ、計算してごらん」

ユーリ「簡単だよ！」

Aで、偏差の絶対値を調べる

点数	0	1	2	3	4	5	6	7	8	9	10
偏差の絶対値	5	4	3	2	1	0	1	2	3	4	5
人数	1	0	0	0	2	4	2	0	0	0	1
偏差の絶対値 × 人数	5	0	0	0	2	0	2	0	0	0	5

合計を求める。

$$5+2+2+5=14$$

B で、偏差の絶対値を調べる

点数	0	1	2	3	4	5	6	7	8	9	10
偏差の絶対値	5	4	3	2	1	0	1	2	3	4	5
人数	2	1	0	0	0	4	0	0	0	1	2
偏差の絶対値 × 人数	10	4	0	0	0	0	0	0	0	4	10

合計を求める。

$$10 + 4 + 4 + 10 = 28$$

ユーリ「できたっ！ A は 14 になって、B は 28 だから、区別できたじゃん！」

ユーリの解答 3（統計量を考える）
A と B を区別できる統計量として、《偏差の絶対値》の合計を考える。
A は 14 で、B は 28 になるから、確かに区別できる。

僕「すごいすごい。できたね」

ユーリ「すごいっしょ」

僕「ユーリは《偏差の絶対値の合計》を考えた。これで A と B を区別できる。ところで、《偏差の絶対値》を考える代わりに《偏差の 2 乗》を考えることもできる」

ユーリ「2乗？」

僕「2乗すれば、負の数も正の数になるからね。さらに、合計じゃなくて人数で割って平均を求めてもいい。そうすれば、AとBで人数が違う場合でも比べやすくなる。偏差を2乗しておいて、その平均を求める。つまり**《偏差の2乗の平均》**を求めるんだ」

Aで《偏差の2乗の平均》を調べる

点数	0	1	2	3	4	5	6	7	8	9	10
$(偏差)^2$	25	16	9	4	1	0	1	4	9	16	25
人数	1	0	0	0	2	4	2	0	0	0	1
$(偏差)^2 \times$ 人数	25	0	0	0	2	0	2	0	0	0	25

$$偏差の\ 2\ 乗の平均 = \frac{25+2+2+25}{10} = 5.4$$

Bで《偏差の2乗の平均》を求める

点数	0	1	2	3	4	5	6	7	8	9	10
$(偏差)^2$	25	16	9	4	1	0	1	4	9	16	25
人数	2	1	0	0	0	4	0	0	0	1	2
$(偏差)^2 \times 人数$	50	16	0	0	0	0	0	0	0	16	50

$$\text{偏差の 2 乗の平均} = \frac{50 + 16 + 16 + 50}{10} = 13.2$$

ユーリ「……」

僕「この《偏差の2乗の平均》には**分散**(ぶんさん)という名前があるよ」

ユーリ「ぶんさん?」

僕「そうだね。分散はデータが《どれだけ散らばっているか》を表す統計量になる。Aの分散が5.4で、Bの分散は13.2で、Bの分散のほうが大きいから、Bのほうが《散らばっている》ということ」

僕の解答3(統計量を考える)
AとBを区別できる統計量として《偏差の2乗の平均》を考える。
Aは5.4で、Bは13.2になるから、確かに区別できる。
この統計量を**分散**という。

2.8　分散

ユーリ「……」

僕「わかりにくい？」

ユーリ「……ねえ、お兄ちゃん。《平均》と《偏差の 2 乗の平均》は違うよね」

僕「うん、もちろん違うよ。《平均》は、一人一人の点数をすべて合計して人数で割った値だし、《偏差の 2 乗の平均》は、一人一人の偏差の 2 乗をすべて合計して人数で割った値だよ。ユーリは何を考えているの？」

ユーリ「あのね、さっきと同じこと。**《分散》って、ヒストグラムのどこに出てくるのかな**って考えてたの」

僕「なるほど……」

ユーリ「待って！　いま考えてんだから」

僕は思考モードのユーリをしばらく待つ。

思考モードのとき、彼女の栗色の髪は金色に輝くように見える。

僕「……」

ユーリ「やめればいーんだ！」

僕「降参？」

ユーリ「違うの！　もとのヒストグラムで考えるのをやめて、《偏差の 2 乗のヒストグラム》を作ればいい！」

僕「おお！」

ユーリ「そーすれば、《分散》は重心になる！」

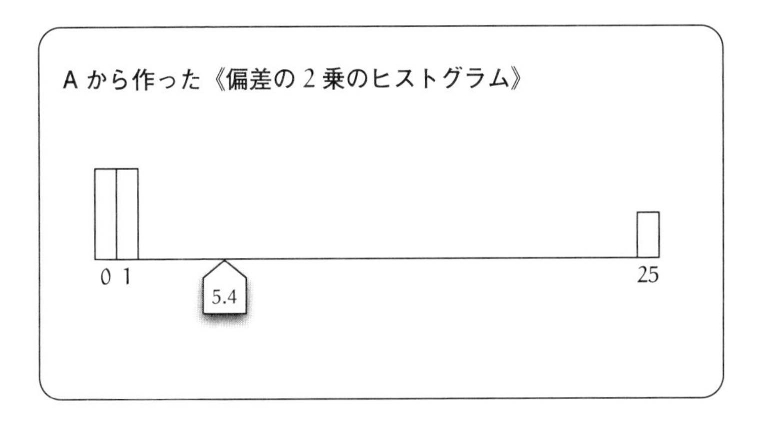

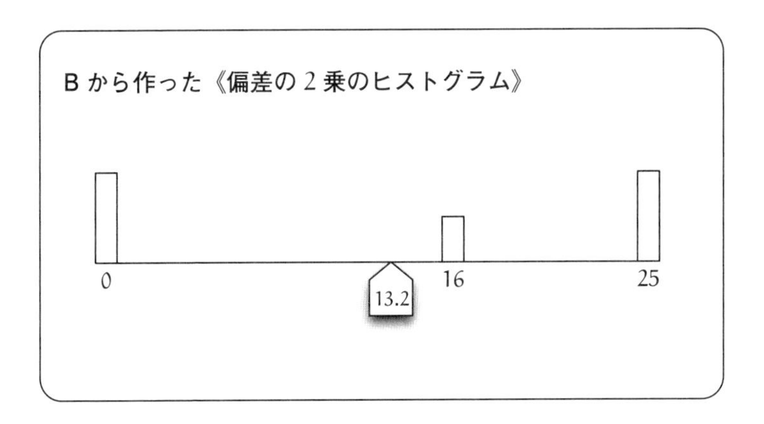

僕「《偏差の2乗》での重心になるわけだ。これはおもしろいな！」

“そんなにたくさんの数から、何がいえる？”

第2章の問題

●問題 2-1（代表値）

10 点満点のテストを 10 人が受けたところ、点数は以下のようになりました。

受験番号	1	2	3	4	5	6	7	8	9	10
点数	5	7	5	4	3	10	6	6	5	7

点数の最大値、最小値、平均、最頻値、中央値をそれぞれ求めてください。

（解答は p. 257）

●問題 2-2（代表値の解釈）

以下の文章のおかしな点を指摘してください。

① 試験の学年平均は 62 点だった。ということは、62 点を取った人が一番多い。

② 試験の学年最高点は 98 点だった。ということは、98 点を取った人がたった 1 人いる。

③ 試験の学年平均は 62 点だった。ということは、62 点より点数が高い人と低い人は同じ人数である。

④「期末試験では、学年全員が学年平均を超えなくてはならない」と言われた。

（解答は p. 258）

●問題 2-3（数値の追加）

テストを実施し、生徒 100 人の平均点 m_0 を計算しました。計算が終わってから、101 人目の点数 x_{101} を m_0 の計算に使い忘れたことに気付きました。いまから計算し直すのは大変なので、すでに計算した平均点 m_0 と、101 人目の点数 x_{101} を使って、

$$m_1 = \frac{m_0 + x_{101}}{2}$$

を新たな平均点としました。この計算は正しいでしょうか。

（解答は p. 260）

第3章

偏差値の驚き

"「珍しいこと」が起きると、人は驚く。"

3.1 高校の図書室にて

高校の図書室。いまは放課後。僕は後輩の**テトラちゃん**とおしゃべりをしている。

僕「分散は偏差を 2 乗したものの平均。だから分散は、数値を 2 乗したデータの重心——そんな話をユーリとしたんだよ」

テトラ「あたし、いつも思うんですけれど、ユーリちゃんの発想はすごいです。分散の話を聞いて、そんなふうに発想を広げられるなんて……」

テトラちゃんはそう言って、何度も頷(うなず)く。

僕「確かにそれはいえるね。ユーリはめんどくさがりで飽きっぽいから、グッと考えてパッと理解したいんだろうなあ」

テトラ「あの……先輩？　ユーリちゃんの話を聞いているうちに、何だか、あたし、不安になってきました」

僕「不安というと？」

テトラ「分散のこと、あたしは本当にわかっているか……って」

僕「なるほど。分散は簡単にいえば《散らばりの度合い》のことだよ。分散が大きいほど、データの数値——たとえば試験の点数——は広い範囲に散らばっていることになるね」

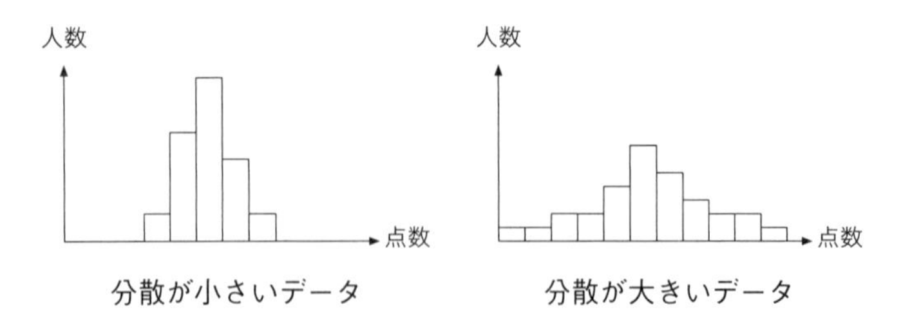

分散が小さいデータ　　　分散が大きいデータ

テトラ「あ、いえいえ。あたしも《散らばりの度合い》というのは何となくわかります。分散の定義は知っていますし、分散の計算もできると思います……たぶん。でも、あたしが不安になっているのは、それでもやっぱり、本当に本当のところはわかってないように感じるからなんです」

僕「そうなんだ。分散は《散らばりの度合い》を表している——という説明で、僕はスッと納得しちゃったなあ」

テトラ「あ、あたしはトロくてですね、パッと理解したりスッと納得するのが苦手なんです……定義も計算もわかっているのに、納得できないなんて、そもそもおかしいですよね」

僕「いや、そんなことはないと思う。**自分が納得できないところには、何か大事なことが隠れている**ものだよ。特に数学では、納得いくまで時間をかけて考えるのは必要だと思うなあ。テトラちゃんはそういう考え方が得意だしね」

テトラ「はい？」

僕「あのね、テトラちゃんは『自分がわかっていないのはどこか』や『自分はいま何を考えていて、どこに引っかかっているか』を表現するのがとてもうまいんだよ。それって、自分が理解しているかどうかを客観的に見ているんだね。ユーリは、そういうのはまだ得意じゃないみたい。ユーリと話していると、何を言いたいかわからないこともときどきあるし」

テトラ「あたし、そんなに、自分のこと客観的に見るなんてできません……でも、本当にわかりたいし、しっかりわかりたい、とは思ってますけれど」

僕「分散のことも」

テトラ「はい、そうですっ！」

テトラちゃんはそう言って両手を握りしめ、大きく頷いた。

3.2　平均と分散

僕「僕は平均でも分散でも、数式を見てなるほどと思ったよ。たとえば、平均はこうだよね」

平均

n 個の**数値**があるとしよう。この n 個の数値のまとまりを**データ**と呼ぶ。データに含まれている n 個の数値を

$$x_1, x_2, \ldots, x_n$$

と表すことにする。このとき、

$$\frac{x_1 + x_2 + \cdots + x_n}{n}$$

を、このデータの**平均**と呼ぶ。

テトラ「はい、これは大丈夫ですし、あまり不安にはなりません」

僕「それから、分散はこうだね」

分散

データ $x_1, x_2, \ldots, x_n$ の平均を μ（ミュー）で表すことにする。
数値 x_1 と平均 μ の差、すなわち、

$$x_1 - \mu$$

を、x_1 の**偏差**（へんさ）と呼ぶ。x_1 の偏差と同様に、x_2 の偏差、x_3 の偏差などをそれぞれ考えることができる。
$x_1, x_2, \ldots, x_n$ の偏差をそれぞれ 2 乗した値の平均を**分散**と呼ぶ。すなわち分散は、

$$\frac{(x_1 - \mu)^2 + (x_2 - \mu)^2 + \cdots + (x_n - \mu)^2}{n}$$

である。

テトラ「はい、これは分散の定義ですよね……」

僕「うん、そうだよ。何か引っかかるところはある？」

テトラ「ええとですね。分散というのは、一つの数ですよね」

僕「そうだね、データから計算できる一つの数だよ。データが与えられたときに、そのデータに含まれている数値をもとに計算すると分散が得られる。平均と同じように、分散も一つの数だね。分散は《散らばりの度合い》を表す一つの数」

テトラ「どうも、あたしは《散らばり》という言葉に引っかかっているみたいです。《散らばり》と聞くと、たくさんのものがある様子を想像してしまうんです。だって、たった一つし

かなかったら散らばりようがありませんから」

僕「うんうん、その想像はおかしくないよ。実際、データに一つの数値しかないなら、分散は必ず 0 になるよね」

テトラ「でも、分散は一つの数ですよね。一つの数なのに《散らばりの度合い》というのが、ちょっと……」

僕「あれ、そこに引っかかっていたの？ それは単純な勘違いかもしれないよ。データにはたくさんの数値が含まれている。$x_1, x_2, x_3, \ldots, x_n$ のようにね。それで、その一つ一つの数値を見たときには、平均と一致していたり、一致していなかったりする。平均からの《ずれ》があるわけだ」

テトラ「はい、わかります」

僕「平均からの《ずれ》を表しているのが**偏差**だね。たとえば、数値 x_1 の偏差は、平均を μ としたとき $x_1 - \mu$ で表す。偏差は正の数になることもあれば、負の数になることもあるし、0 のこともある。でも、偏差を 2 乗すればその値は必ず 0 以上になる」

テトラ「はい、大丈夫です。あれ、もしかすると、偏差ってたくさんありますか？ それだと、偏差の散らばりが、あれれ？」

僕「落ち着いて落ち着いて。データが n 個の数値を含んでいるなら、偏差は n 個あるよ。それから偏差の 2 乗も n 個あるね。数値、偏差、偏差の 2 乗は同じ個数ある」

	数値	偏差	偏差の 2 乗
1	x_1	$x_1 - \mu$	$(x_1 - \mu)^2$
2	x_2	$x_2 - \mu$	$(x_2 - \mu)^2$
3	x_3	$x_3 - \mu$	$(x_3 - \mu)^2$
$\vdots$	$\vdots$	$\vdots$	$\vdots$
n	x_n	$x_n - \mu$	$(x_n - \mu)^2$

数値、偏差、偏差の 2 乗はすべて同じ個数

テトラ「……」

僕「《偏差の 2 乗》は、数値ごとに、平均からの《ずれ》の大きさを表現している。《偏差の 2 乗》は n 個あるから、n が大きくなると個数が多くなって扱いにくくなる。だからこそ——ここが大事なんだけど——《偏差の 2 乗》の**平均**を求めたくなるんだよ。たくさんある《偏差の 2 乗》を、平らに均(なら)す。平らに均したら、どのくらいになるだろうか。それを考えているんだね。《偏差の 2 乗》を平らに均した結果が《分散》なんだ」

テトラ「あ……」

僕「たくさんある《偏差の 2 乗》そのものを考えるんじゃなくて、《偏差の 2 乗》の平均を考える。それが《分散》なんだよ。テトラちゃんがさっき言った通り、分散は一つの数にすぎない。でも、分散がわかれば、いま注目しているデータで、《偏差の 2 乗》が平均的にどれくらいの大きさなのかがわかる。分散という一つの数で《散らばりの度合い》がわかるっていうのはそういうことだね」

テトラ「納得してきました！　あのですね、先輩の説明で、あたしの誤解が何かわかりました。あたしは、散らばっているものそのものを見なければ、《散らばりの度合い》なんてわからないと思いこんでいたんです。分散は一つの数だから散らばれないのに、どうして散らばりなんてわかるんだろう……と考えていました。あたしが気付いていなかったのは、《偏差の 2 乗》がたくさんあったら扱いにくいという点でした」

僕「うんうん」

テトラ「分散は、《偏差の 2 乗》の平均ですものね！」

僕「そうだね。たくさんあると扱いにくい、だから代表値を取る。代表値として平均を選んだ。分散は《偏差の 2 乗の平均》とひとことでいえる。数式を並べて書くとよくわかるかも」

平均は、たくさんの《数値》を平らに均した数

$$x_1, x_2, \ldots, x_n \quad \text{数値}$$

$$\frac{x_1 + x_2 + \cdots + x_n}{n} \quad \text{平均}$$

分散は、たくさんの《偏差の 2 乗》を平らに均した数

$$(x_1 - \mu)^2, (x_2 - \mu)^2, \ldots, (x_n - \mu)^2 \qquad \text{偏差の 2 乗}$$

$$\frac{(x_1 - \mu)^2 + (x_2 - \mu)^2 + \cdots + (x_n - \mu)^2}{n} \qquad \text{分散}$$

テトラ「納得です！ ……納得してしまうと、あたりまえすぎて恥ずかしいです」

僕「いやいや、納得するまで考え続けるのは大事だと思うよ。ちっとも恥ずかしいことじゃない。うん、たとえば、こんなふうに考えるともっとわかりやすいかも。あのね、

$$\begin{aligned} d_1 &= (x_1 - \mu)^2 \\ d_2 &= (x_2 - \mu)^2 \\ &\vdots \\ d_n &= (x_n - \mu)^2 \end{aligned}$$

のように、x_k の《偏差の 2 乗》に d_k という名前を付けるんだよ。そうすると、平均と分散がどちらも《平均を求める》という意味では同じ計算をしていることがよくわかる」

平均と分散は、同じ計算をしている

$d_k = (x_k - \mu)^2$ とする（$k = 1, 2, \ldots, n$）。

$$\underbrace{\frac{x_1 + x_2 + \cdots + x_n}{n}}_{\text{平均}} \qquad \underbrace{\frac{d_1 + d_2 + \cdots + d_n}{n}}_{\text{分散}}$$

テトラ「確かにそうですね……」

3.3　数式

テトラ「あの……あのですね、先輩。先輩はいつも、さささっと数式をお書きになります」

僕「数式といっても、ぜんぶ加えて n で割っているだけだから、それほど難しくないよね」

テトラ「そうなんですが、難しいかどうかという話ではなくて、《数式で表したほうが、よく理解できる》のように考えることが、あたしにはなかなかできなくて……」

僕「それは、《慣れ》の問題だと思うよ、テトラちゃん。数式を読むことや書くことに慣れていれば、数式を使って自分の考えを整理することができる。自分の頭を使ってよく読むこと、自分の手を使ってよく書くこと。それが大事なんだ。たとえば自転車でもそうだよね。自転車に乗ることに慣れていれば、ちょっと遠くにも気軽に行ける——そうだ。たとえば、こんな数式を展開してみようよ。数式に慣れるために」

$$(a-b)^2$$

テトラ「はあ……これはわかります。$a^2-2ab+b^2$ ですね」

$$(a-b)^2 = a^2-2ab+b^2$$

僕「じゃあ、この数式（♡）はどう？ 展開できる？」

$$(\heartsuit) \qquad \frac{(a-\frac{a+b}{2})^2+(b-\frac{a+b}{2})^2}{2}$$

テトラ「ややこしく見えますけれど、このくらいなら、大丈夫です」

テトラちゃんは、さっそくノートに計算を始める。素直だなあ。

$$
\begin{aligned}
&\frac{(a-\frac{a+b}{2})^2+(b-\frac{a+b}{2})^2}{2} && \text{与えられた数式（♡）}\\
&=\frac{(\frac{2a}{2}-\frac{a+b}{2})^2+(\frac{2b}{2}-\frac{a+b}{2})^2}{2} && \text{通分した}\\
&=\frac{(\frac{a-b}{2})^2+(\frac{-a+b}{2})^2}{2} && \text{分子を計算した}\\
&=\frac{(\frac{a-b}{2})^2+(\frac{a-b}{2})^2}{2} && (-a+b)^2=(a-b)^2 \text{ だから}\\
&=\frac{2(\frac{a-b}{2})^2}{2} && \text{分子を計算した}\\
&=\left(\frac{a-b}{2}\right)^2 && \text{2 で約分した}\\
&=\frac{a^2-2ab+b^2}{4} && \text{展開した}
\end{aligned}
$$

テトラ「数式♡が展開できました！

$$
\text{（♡ の展開）}\qquad \frac{(a-\frac{a+b}{2})^2+(b-\frac{a+b}{2})^2}{2}=\frac{a^2-2ab+b^2}{4}
$$

ですね」

僕「うん、正解！　2 乗の展開を後回しにしたのはいい方法だよね。じゃ、こっちの数式（♣）はどうかな？」

$$
(♣)\qquad \frac{a^2+b^2}{2}-\left(\frac{a+b}{2}\right)^2
$$

テトラ「形が似てますけど、引っかかりませんよ……」

$$\begin{aligned}
&\frac{a^2+b^2}{2}-\left(\frac{a+b}{2}\right)^2 && \text{与えられた数式（♣）}\\
&=\frac{a^2+b^2}{2}-\frac{a^2+2ab+b^2}{4} && \text{展開した}\\
&=\frac{2a^2+2b^2}{4}-\frac{a^2+2ab+b^2}{4} && \text{通分した}\\
&=\frac{a^2-2ab+b^2}{4} && \text{あれれ?!}
\end{aligned}$$

テトラ「あれれ?!　♡の展開と同じになっちゃいました！」

$$(\heartsuit\text{の展開})\quad \frac{(a-\frac{a+b}{2})^2+(b-\frac{a+b}{2})^2}{2} = \frac{a^2-2ab+b^2}{4}$$

$$(\clubsuit\text{の展開})\quad \frac{a^2+b^2}{2}-\left(\frac{a+b}{2}\right)^2 = \frac{a^2-2ab+b^2}{4}$$

僕「だよね。つまり、a と b がどんな数だとしても、

$$\underbrace{\frac{(a-\frac{a+b}{2})^2+(b-\frac{a+b}{2})^2}{2}}_{\heartsuit} = \underbrace{\frac{a^2+b^2}{2}-\left(\frac{a+b}{2}\right)^2}_{\clubsuit}$$

という等式がいつも成り立つ。この等式は、**恒等式**(こうとうしき)なんだね」

テトラ「先輩は、こんな式を暗記してらっしゃるんですか？」

僕「いや、そうじゃないよ。この式をよく見ると——ミルカさんの言葉を使えば《形を見抜く》と——おもしろいことがわかるよ」

問題1（謎の恒等式）

a, b に関するこの恒等式は、何がおもしろいのだろうか。

$$\frac{(a-\frac{a+b}{2})^2+(b-\frac{a+b}{2})^2}{2}=\frac{a^2+b^2}{2}-\left(\frac{a+b}{2}\right)^2$$

テトラ「おもしろいこと……何がおもしろいんですか？」

僕「じゃ、ヒント。$\frac{a+b}{2}$ を《a と b の平均》と考えてごらん」

テトラ「ああ、確かに $\frac{a+b}{2}$ は平均ですね……」

$$\frac{(a-\frac{a+b}{2})^2+(b-\frac{a+b}{2})^2}{2}=\frac{a^2+b^2}{2}-\left(\frac{a+b}{2}\right)^2$$

僕「平均を μ（ミュー）と書き換えてみるよ」

$$\frac{(a-\mu)^2+(b-\mu)^2}{2}=\frac{a^2+b^2}{2}-\mu^2$$

テトラ「あ、こ、これは……！」

僕「気付いた？」

テトラ「左辺は、これ、分散です！　データの数値が a と b だとすると、平均を引いて、2乗して、そのまた平均を求めてますから！」

$$\underbrace{\frac{(a-\mu)^2+(b-\mu)^2}{2}}_{a\text{ と }b\text{ の分散}}=\frac{a^2+b^2}{2}-\mu^2$$

僕「そうだね。そして、右辺に出てくる $\frac{a^2+b^2}{2}$ は a^2 と b^2 の平均になっていて、μ^2 は a と b の平均の 2 乗」

$$\underbrace{\frac{(a-\mu)^2+(b-\mu)^2}{2}}_{a\text{ と }b\text{ の分散}} = \underbrace{\frac{a^2+b^2}{2}}_{a^2\text{ と }b^2\text{ の平均}} - \underbrace{\mu^2}_{a\text{ と }b\text{ の平均の 2 乗}}$$

テトラ「えっと、これは……どう考えたらいいんでしょうか」

僕「こんな式が成り立つってことだね」

$$《a\text{ と }b\text{ の分散}》=《a^2\text{ と }b^2\text{ の平均}》-《a\text{ と }b\text{ の平均}》^2$$

テトラ「へ、へえ……」

僕「いまは a, b という 2 個の数値で考えたけど、実はこれは n 個の数値に一般化できるんだよ」

$$《x_1,\ldots,x_n\text{ の分散}》=《x_1^2,\ldots,x_n^2\text{ の平均}》-《x_1,\ldots,x_n\text{ の平均}》^2$$

テトラ「そんな式が成り立つんですか……」

僕「ちゃんと書くなら、

$$\frac{(x_1-\mu)^2+\cdots+(x_n-\mu)^2}{n} = \frac{x_1^2+\cdots+x_n^2}{n} - \left(\frac{x_1+\cdots+x_n}{n}\right)^2$$

だよ。キャッチフレーズにするなら、

$$《\text{分散}》=《\text{2 乗の平均}》-《\text{平均の 2 乗}》$$

ということだね。具体的なデータから分散を求めたいとき、分散の定義から求めることもできるけど、《2 乗の平均》から

《平均の 2 乗》を引いて求めることもできるんだ」

テトラ「ははあ……」

解答 1（謎の恒等式）

a, b に関する恒等式、

$$\frac{(a-\frac{a+b}{2})^2+(b-\frac{a+b}{2})^2}{2}=\frac{a^2+b^2}{2}-\left(\frac{a+b}{2}\right)^2$$

は、

《分散》＝《2 乗の平均》−《平均の 2 乗》

という式の一例になっている*。

3.4 分散の意味

図書室に**ミルカさん**がやってきた。

テトラ「あ、ミルカさん！」

ミルカ「分散か」

* コンピュータで計算を行うとき、《分散》＝《2 乗の平均》−《平均の 2 乗》を使うと、桁落ちという現象で大きな誤差が出る場合があります。

ミルカさんは、ノートをのぞき込んでそう言った。顔を傾けるのに合わせて、彼女の長い黒髪がゆるやかに動く。彼女は僕のクラスメート。でも僕よりもずっと数学に詳しい。僕とテトラちゃんとミルカさんの三人は、数学トークをいつも楽しんでいる。

テトラ「先輩に、分散の意味についてお聞きしていたんです。分散は《散らばりの度合い》であると」

ミルカ「《散らばりの度合い》」

僕「何か、おかしいかな？」

ミルカ「分散が《散らばりの度合い》を表しているのはいいとして、しかし、それでは《散らばりの度合い》という言葉は、どんな**意味**を持っているのか。それにはどう答える？」

僕「《散らばりの度合い》の——意味？」

テトラ「《散らばりの度合い》がわかると、それは、数値が散らばっていることがわかります。あれ？」

ミルカ「テトラ、それは言い換えにすぎないだろう？　問いを変える。**分散を知ることの意味はどこにあるだろう。分散を知ると何がうれしいのだろう。散らばりの度合いが大きいとか小さいとかを論じることにどんな意義があるのだろう**」

僕「ちょっと待ってよ。データにたくさんの数値が含まれているから、それをぜんぶ扱うのは難しい。だから代表値をうまく使いたい。分散も、それでいいんじゃないのかな」

ミルカ「ほう」

テトラ「あ、あたしもそう考えていました。たとえば、平均なら……平均という一つの数値を見るだけで《数値がこの近くに集まってる》ことがわかりますし」

ミルカ「わからない」

テトラ「はい？」

ミルカ「平均でそんなことはわからない」

テトラ「ええと？」

僕「ねえ、テトラちゃん。テトラちゃんは《数値がこの近くに集まってる》と表現しちゃったけど、平均の近くに数値が集まっているかどうかなんてわからないんだよ。たとえば、全員が0点か100点のどっちかで、しかも0点と100点が同人数の場合、平均は50点になるけど、そこには誰もいないし」

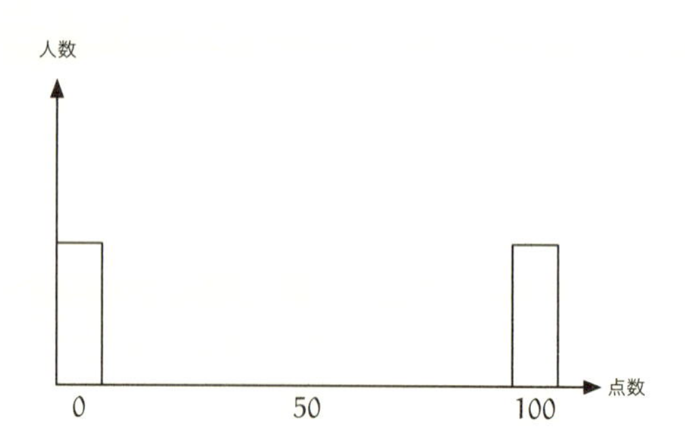

平均点を取った人が0人のこともある

テトラ「あ……そうですね」

ミルカ「分布を仮定すれば別だが」

僕「平均は、だから《数値を平らに均したもの》だと考えるほうがいいんだよ。でも、平均を知る意義はあるよね」

ミルカ「ふむ。では、分散を知る意義は？」

僕「分散が大きければ、《数値が散らばっている》とわかる——うーん、これだと同じことの言い換えか……」

テトラ「分散が大きければ、《数値がばらけている》というのはどうでしょう」

僕「それも言い換えといえば言い換えだよね」

テトラ「ミルカさんはどう思われますか？」

ミルカ「分散で《驚きの度合い》がわかる」

僕「驚きの度合い？」

ミルカ「《珍しさの度合い》でも《すごさの度合い》でもいい」

テトラ「どういうことでしょう」

ミルカ「データはたくさんの数値を含んでいる。その中から一つの数値に注目しよう。たとえば、試験があったときには誰しも《自分の点数》に注目する」

テトラ「それはそうですね。自分の点数は気になります」

ミルカ「たくさんの点数が集まったデータがあり、その中に一つ《自分の点数》がある。自分の点数を見たところ、平均に比べて点数がずいぶん高かったとしよう。これは《すごい》ことだろうか」

テトラ「平均よりも自分の点数がずいぶん高いとしたら、それは《すごい》ことですよね？」

ミルカ「ではどれだけすごいのか。**分散を知っていれば、具体的な点数の《すごさの度合い》がわかる**」

テトラ「え？　なぜですか？　平均との差だけで《すごさの度合い》はわかりますよね？　分散を知らなくても……」

僕「わかってきたぞ。確かに分散は有効だね」

テトラ「わかりません……」

僕「あのね、テトラちゃん。ちょっと考えてみてよ。たとえば、平均点が 50 点で、自分の点数が 100 点だとするよね。平均点よりも 50 点も大きい。つまりこの場合は偏差が 50 点ということになる」

テトラ「はい、すごいですね」

僕「でもね、その試験はもしかすると、半数の受験者が 100 点を取っていたかもしれない。そして残りの半数の受験者は 0 点。《100 点が半数で、0 点が半数》の試験なら平均点は 50 点になるよね。この場合、100 点を取るのは、そんなにすごいことなんだろうか」

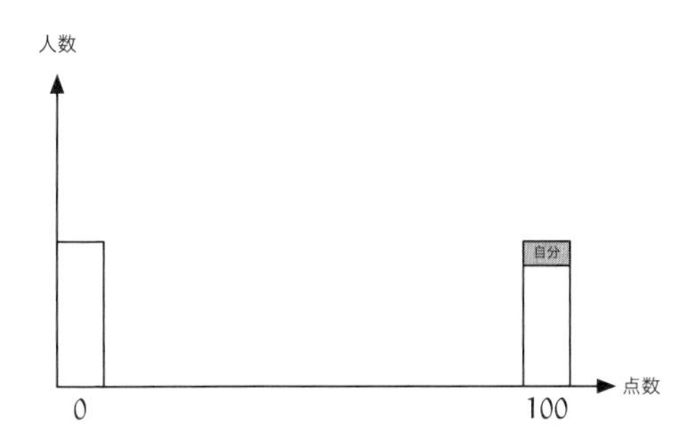

平均点は 50 点
（100 点が半数、0 点が半数）

テトラ「受験者の半数が 100 点！　そんなにたくさんの人数が100 点を取っていたら、それほどすごくはない……ですね」

僕「そうなんだよ。《100 点が半数、0 点が半数》だと分散はとても大きい。この場合、100 点でも《すごい》とはあまり感じられない」

テトラ「ですね……」

僕「それに対して、たとえば、《100 点は自分 1 人、0 点が 1 人、残りが 50 点》の試験はどうだろう。平均点も自分の点数もさっきとまったく変わらない」

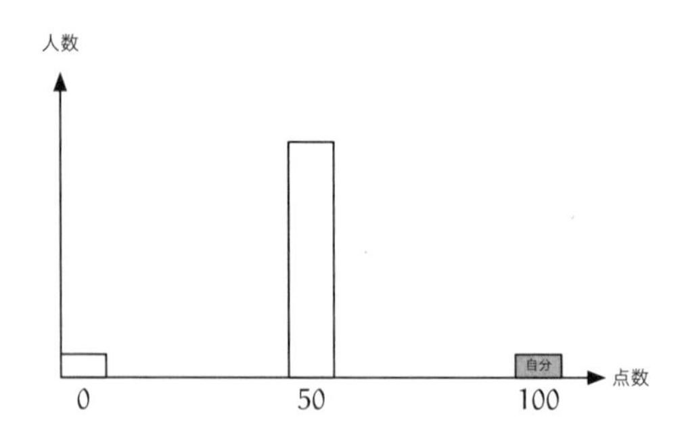

平均点は 50 点
(100 点は自分 1 人、0 点が 1 人、残りが 50 点)

テトラ「今度は《とってもすごい》です！」

僕「そうだよね。今度は大半が 50 点だから、分散はとても小さい。そしてこの場合、100 点は《とってもすごい》と感じられるね」

ミルカ「いま彼が説明してくれた通りだ。分散を知っていれば、ある一つの数値をピックアップしたときにそれが《ありふれた数値》なのか、《珍しい数値》なのか、それがわかる」

テトラ「なるほどです。だから《すごさの度合い》《驚きの度合い》《珍しさの度合い》がわかると……」

ミルカ「そうだ」

僕「分散が大きい場合なら、平均から大きくずれた数値が選ばれても驚くことじゃないんだ。ありふれた数値なんだから。確かに、平均だけからはその《驚きの度合い》はわからないね。なるほど！」

テトラ「自分が平均点よりもすごく大きな点数を取っても、分散がわからなければ、その点数の本当の価値はわからないんですね……」

ミルカ「その発想から一歩進めば**偏差値**（へんさち）に至る」

テトラ「偏差値？」

3.5　偏差値

ミルカ「うん？　テトラは偏差値を知らないのか」

テトラ「いえいえっ！　そんなことはありません。もちろん高校生として偏差値は知っていますが」

ミルカ「では、テトラは**偏差値の定義**を述べる」

ミルカさんは、そう言ってテトラちゃんを指さした。

テトラ「えっ、あっ、えっと、偏差値の定義……そういう意味ではなくてですね。偏差値という言葉は知っていますが、偏差値の定義は知りませんでした。すみません」

ミルカ「言葉は知っているが、定義は知らないと」

テトラ「えっと……考えてみると、変な話ですね。テストを受けるとき、受験を考えるとき、いつも気にしている数値なのに定義を知らないなんて……」

ミルカ「代わりに、君が偏差値の定義を述べる」

ミルカさんは、今度は僕を指さした。

僕「確か、こうだったかな」

偏差値

あるテストを受けた人が n 人いて、それぞれの点数を $x_1, x_2, \ldots, x_n$ と表すことにする。

点数の平均を μ（ミュー）とする。

点数の標準偏差を σ（シグマ）とする。

そのとき、そのテストにおける点数 x_k の**偏差値**を

$$50 + 10 \times \frac{x_k - \mu}{\sigma}$$

と定義する。なお、$\sigma = 0$ の場合には偏差値を 50 と定義する。

テトラ「ええと……標準偏差？」

僕「標準偏差は分散のルートを取ったものだよ、テトラちゃん。つまり、分散を V とすると標準偏差 σ は $\sigma = \sqrt{V}$ だね」

テトラ「標準偏差は……偏差とも、偏差値とも違うんですよね」

ミルカ「平均、分散、標準偏差の定義を再確認しよう」

僕「そうだね」

平均

n 個の数値があるとしよう。この n 個の数値のまとまりを**データ**と呼ぶ。データに含まれている n 個の数値を、

$$x_1, x_2, \ldots, x_n$$

と表すことにする。
このとき、

$$\mu = \frac{x_1 + x_2 + \cdots + x_n}{n}$$

を、このデータの**平均**と呼ぶ。

テトラ「はい、すみません……平均の定義は大丈夫です」

僕「じゃ、次は分散だね」

分散

データ $x_1, x_2, \ldots, x_n$ の平均を μ で表すことにする。
数値 x_1 と平均 μ の差、すなわち、

$$x_1 - \mu$$

を、x_1 の**偏差**(へんさ)と呼ぶ。x_1 の偏差と同様に、x_2 の偏差、x_3 の偏差、……、x_n の偏差をそれぞれ考えることができる。
$x_1, x_2, \ldots, x_n$ の偏差をそれぞれ2乗した値の平均を、**分散**と呼ぶ。すなわち分散 V は、

$$V = \frac{(x_1 - \mu)^2 + (x_2 - \mu)^2 + \cdots + (x_n - \mu)^2}{n}$$

である。

テトラ「はい、これも大丈夫です。確認ですけれど、x_k の偏差は $x_k - \mu$ でいいんですよね？」

僕「そうだね。それでいいよ。そして、標準偏差の定義はこう」

標準偏差

分散の平方根のうち、負でないほうを**標準偏差**という。すなわち、分散を V とし、標準偏差を σ とすると、

$$\sigma = \sqrt{V}$$

である。

テトラ「偏差、標準偏差……そして、偏差値」

僕「うん、偏差値の定義はこうなる」

偏差値

あるテストを受けた人が n 人いて、それぞれの点数を $x_1, x_2, \ldots, x_n$ と表すことにする。

点数の平均を μ とし、点数の標準偏差を σ とする。

このとき、そのテストにおける点数 x_k の**偏差値**を

$$50 + 10 \times \frac{x_k - \mu}{\sigma}$$

と定義する。なお、$\sigma = 0$ の場合には偏差値を 50 と定義する。

テトラ「はい、偏差値の定義はわかりました。いえ、わかりましたというか、点数から平均点が計算できて、点数と平均点か

ら分散が計算できて、分散から標準偏差が計算できて、そして、そこから偏差値が計算できる……という流れはわかりました」

点数から、平均 が計算できる

$$x_1, x_2, x_3, \ldots, x_n \longrightarrow \mu$$

点数と平均から、分散 が計算できる

$$x_1, x_2, x_3, \ldots, x_n, \mu \longrightarrow V$$

分散から、標準偏差 が計算できる

$$V \longrightarrow \sigma$$

点数 x_k と平均と標準偏差から、x_k の偏差値 が計算できる

$$x_k, \mu, \sigma \longrightarrow x_k \text{ の偏差値}$$

僕「うん」

テトラ「でも、偏差値が何なのかはわかりません……」

僕「テストで平均点を取ったとするよね。そのとき、偏差値は必ず50になるんだよ。だって、$x_k = \mu$ のときの偏差値は――

$$\begin{aligned} 50 + 10 \times \frac{x_k - \mu}{\sigma} &= 50 + 10 \times \frac{0}{\sigma} \\ &= 50 \end{aligned}$$

——だから」

テトラ「へえ……」

僕「つまり、平均点が異なるテスト同士の結果も、偏差値を使えば比較できることになるんだ。ほら、テストって難しいとき・易しいとき、いろいろあるよね。そういうときは、平均点が動いちゃう」

テトラ「それはそうですね。難しいと平均点は低くなります」

僕「あるとき《テスト A で 70 点とった》として、しばらくして《テスト B で 70 点とった》とする。単純に点数を比較すると、実力は 70 点から変わっていないように見える」

テトラ「ははあ、テスト A よりもテスト B のほうが難しかったら、同じ 70 点でも実力はアップしていたかもしれない……ということですよね。偏差値は《平均を 50 点にそろえた》ものなので、点数を比較するより偏差値を比較したほうが、実力アップしたかどうかはっきりわかる……？」

僕「そうだね」

ミルカ「付帯条件が付くからそう単純でもないが」

僕「え？」

ミルカ「偏差値は万能ではない。たとえば『偏差値を使えば、テストにかかわらず実力が比較できる』といいたくなる」

テトラ「違うんですか？」

ミルカ「テスト A で偏差値が 60 だった。次のテスト B でも偏差値は 60 だった。実力は変わらないといえるか」

テトラ「テスト A と B の難易度が変われば、その分だけ平均は上下するわけですけど、偏差値は必ず 50 に平均が来るように調整されますから……変わらないといえるんじゃないでしょうか」

ミルカ「テスト A とテスト B で、自分以外の受験者ががらっと入れ替わっていたらどうか」

テトラ「ははあ……受験者の顔ぶれが変われば、平均も変わることになりますね。偏差値がたとえ同じでも、テスト A よりもテスト B のほうが実力が低い受験者が多ければ、自分の実力は落ちたことになる？」

僕「うん、確かにそうなるよね。偏差値は、平均からのずれを標準化しているだけだもの」

ミルカ「偏差値をもとにして自分の順位を推測するのも危険なことがある。点数の分布が正規分布で近似できるなら、偏差値 60 以上は上位約 16% を意味する。しかし、点数の分布が正規分布で近似できる保証はどこにもない。偏差値のわずかな差違に意味を見い出そうとするのは危険だろう」

テトラ「正規分布……」

テトラちゃんはさっと《秘密ノート》にメモをする。

3.6 偏差値の平均

テトラ「でも、平均点を取った人の偏差値が必ず 50 になるというのは確かですよね」

ミルカ「もちろん。そして、偏差値の平均もまた 50 になる」

テトラ「偏差値の平均……？」

僕「受験者全員の偏差値をすべて合計して、受験者の人数で割ったら 50 になるってことだね」

テトラ「え、ええっと……」

僕「計算はそれほど難しくないよ」

問題2（偏差値の平均）
あるテストを受けた人が n 人いて、点数がそれぞれ $x_1, x_2, \ldots, x_n$ であるとする。
このテストにおける各人の偏差値を $y_1, y_2, \ldots, y_n$ としたとき、

$$\frac{y_1 + y_2 + \cdots + y_n}{n}$$

を求めよ。

テトラ「k さんの偏差値を y_k としたのですね。はい、偏差値の定義を使って根気よく計算すれば、偏差値の平均は求められ

るような気がします！」

僕「根気はそれほどいらないと思うよ」

テトラ「ともかく、やってみます」

$$\frac{y_1 + y_2 + \cdots + y_n}{n} = \frac{\left(50 + 10 \times \frac{x_1 - \mu}{\sigma}\right) + \text{うわわわ……}}{n}$$

テトラ「うわわわ……いっぺんに計算するのはさすがに大変ですので、点数が x_k になっている k さんの偏差値 y_k をまず書いてみます」

$$y_k = 50 + 10 \times \frac{x_k - \mu}{\sigma} \qquad x_k \text{ の偏差値}$$

テトラ「そして、平均は $\frac{x_1+\cdots+x_n}{n}$ ですので……」

$$y_k = 50 + 10 \times \frac{x_k - \frac{x_1+x_2+\cdots+x_n}{n}}{\sigma}$$

僕「いや、ここでは μ のまま進んで、y_k の和を求めたほうがいいんじゃないかな」

$$\begin{aligned}
&y_1 + y_2 + \cdots + y_n \\
&= \left(50 + 10 \times \frac{x_1 - \mu}{\sigma}\right) + \left(50 + 10 \times \frac{x_2 - \mu}{\sigma}\right) + \cdots + \left(50 + 10 \times \frac{x_n - \mu}{\sigma}\right) \\
&= 50n + \frac{10}{\sigma} \times \left((x_1 - \mu) + (x_2 - \mu) + \cdots + (x_n - \mu)\right) \\
&= 50n + \frac{10}{\sigma} \times (x_1 + x_2 + \cdots + x_n - n\mu)
\end{aligned}$$

僕「この式の中に $n\mu$ というのが出てきたけれど、これは《n 倍した平均》だから、$x_1 + x_2 + \cdots + x_n$ に等しいよね。ということは……」

$$
\begin{aligned}
&y_1 + y_2 + \cdots + y_n \\
&= 50n + \frac{10}{\sigma} \times (x_1 + x_2 + \cdots + x_n - n\mu) \\
&= 50n + \frac{10}{\sigma} \times (x_1 + x_2 + \cdots + x_n - (x_1 + x_2 + \cdots + x_n)) \\
&= 50n + \frac{10}{\sigma} \times 0 \\
&= 50n
\end{aligned}
$$

テトラ「すごいです！ 一気に $50n$ だけになりました」

僕「$y_1, \ldots, y_n$ の総和が $50n$ だとわかったから、偏差値の平均は 50 だね」

ミルカ「偏差の総和は 0 だから」

僕「そうそう。ミルカさんの言う通り。《偏差値》の定義をよく見ると、定義の中に《偏差》が出てきているのに気付くよ」

$$
x_k \text{ の偏差値} = 50 + 10 \times \frac{\overbrace{x_k - \mu}^{x_k \text{ の偏差}}}{\sigma}
$$

テトラ「ははあ……確かに偏差ですね。$x_k - \mu$ は x_k から平均を引いたものです」

僕「そして、偏差の総和は当然 0 だよね。さっきも出てきたけど」

$$
\begin{aligned}
&(x_1 - \mu) + (x_2 - \mu) + \cdots + (x_n - \mu) && n \text{ 個の } \mu \\
&= (x_1 + x_2 + \cdots + x_n) - n\mu && n \text{ 個の } \mu \text{ をまとめ} \\
&= (x_1 + x_2 + \cdots + x_n) - (x_1 + x_2 + \cdots + x_n) && \text{平均 } \mu \text{ を } n \text{ 倍した} \\
&= 0
\end{aligned}
$$

テトラ「ああ！　そういえばそうですね。だったら、偏差値の平均が 50 になるのって当然じゃないですか！」

ミルカ「偏差値の定義に出てくる $50 + \cdots$ の部分は、《偏差値の平均を 50 にする》という意図を表している」

テトラ「なるほどです」

解答 2（偏差値の平均）
あるテストを受けた人が n 人いて、各人の偏差値が $y_1, y_2, \ldots, y_n$ であるとき、

$$\frac{y_1 + y_2 + \cdots + y_n}{n} = 50$$

が成り立つ。

3.7　偏差値の分散

ミルカ「《偏差値の平均》が 50 なのは、偏差値の定義からすぐわかる。では《偏差値の分散》は？」

僕「そういえば、どうなるんだろう」

ミルカ「その答えは驚きだな」

テトラ「偏差値の平均は50で、分散は……何になるんですか？」

ミルカ「計算すればすぐにわかる」

テトラ「計算……」

> **問題3**（偏差値の分散）
> あるテストを受けた人が n 人いて、点数がそれぞれ $x_1, x_2, \ldots, x_n$ であるとする。
> このテストにおける各人の偏差値を $y_1, y_2, \ldots, y_n$ としたとき、$y_1, y_2, \ldots, y_n$ の分散を求めよ。

僕「これこそ、定義式から計算すればすぐ出そうだなあ」

テトラ「あ、あたしも計算します！ まずは、定義からですね。ええと、一人一人の偏差値は、$y_1, y_2, \ldots, y_n$ で、平均は μ ですから、分散は……」

$$《偏差値の分散》 = \frac{(y_1 - \mu)^2 + (y_2 - \mu)^2 + \cdots + (y_n - \mu)^2}{n} \quad \textbf{(?)}$$

ミルカ「定義が違う」

テトラ「え？ 分散は《数値から平均を引いて2乗した値》の平均ですよね？」

ミルカ「省略しすぎ」

テトラ「？」

ミルカ「《何の平均》なのかを意識する」

テトラ「《何の平均》かといっても、平均は μ ですよね……あっ、違います！　μ は**点数の平均**でした。偏差値の分散を考えるんですから、y_k から引くのは**偏差値の平均**ですね。すみません。《偏差値の平均》は 50 ですから、《偏差値の分散》は……こうでしょうか」

$$《偏差値の分散》 = \frac{(y_1 - 50)^2 + (y_2 - 50)^2 + \cdots + (y_n - 50)^2}{n}$$

テトラ「あれ？　$y_1 - 50$ って、$10 \times \frac{x_1 - \mu}{\sigma}$ ですよね。だって、

$$y_1 = 50 + 10 \times \frac{x_1 - \mu}{\sigma}$$

ですから」

僕「そうだね。あ、わかった」

テトラ「だめです、だめです！　先に計算しないでくださいよう！」

$$\begin{aligned}
《偏差値の分散》 &= \frac{(y_1 - 50)^2 + (y_2 - 50)^2 + \cdots + (y_n - 50)^2}{n} \\
&= \frac{\left(10 \times \frac{x_1 - \mu}{\sigma}\right)^2 + \left(10 \times \frac{x_2 - \mu}{\sigma}\right)^2 + \cdots + \left(10 \times \frac{x_n -}{\sigma}\right.}{n} \\
&= \frac{10^2}{n\sigma^2} \times \left((x_1 - \mu)^2 + (x_2 - \mu)^2 + \cdots + (x_n - \mu)^2\right. \\
&= あとは 2 乗を展開して……
\end{aligned}$$

僕「テトラちゃん、そっちに進むと計算の泥沼に入っちゃうよ」

テトラ「計算の泥沼？」

僕「いまの計算で、テトラちゃんは $\frac{10^2}{n\sigma^2}$ をくくりだしたけど、n は残しておいたほうがいいよ」

テトラ「ということは、こうですか？」

$$
\begin{aligned}
《偏差値の分散》 &= \frac{10^2}{n\sigma^2} \times \left((x_1 - \mu)^2 + (x_2 - \mu)^2 + \cdots + (x_n - \mu)^2\right) \\
&= \frac{10^2}{\sigma^2} \times \frac{(x_1 - \mu)^2 + (x_2 - \mu)^2 + \cdots + (x_n - \mu)^2}{n}
\end{aligned}
$$

ミルカ「一目瞭然」

テトラ「？」

僕「× の右にある分数のことだよ」

テトラ「$\frac{(x_1-\mu)^2+(x_2-\mu)^2+\cdots+(x_n-\mu)^2}{n}$ ですか……あっ、これっ、分散ですねっ！」

僕「その通り、点数の分散だね」

テトラ「ということは、点数の分散を V で表すと……」

$$
\begin{aligned}
《偏差値の分散》 &= \frac{10^2}{\sigma^2} \times \boxed{\frac{(x_1 - \mu)^2 + (x_2 - \mu)^2 + \cdots + (x_n - \mu)^2}{n}} \\
&= \frac{10^2}{\sigma^2} \times \boxed{V}
\end{aligned}
$$

テトラ「このようになりました！」

僕「惜しいなあ。テトラちゃん、σ^2 は何？」

テトラ「σ は標準偏差ですから、$\sigma = \sqrt{V}$ ですが……あああああっ、$\sigma^2 = V$ ですね？ σ^2 は点数の分散です！」

$$
\begin{aligned}
《偏差値の分散》 &= \frac{10^2}{\sigma^2} \times V \\
&= \frac{10^2}{V} \times V & \sigma^2 = V \text{ だから} \\
&= 10^2 & \text{約分した} \\
&= 100
\end{aligned}
$$

僕「ということは——《偏差値の分散》は 100 になったね。そして《偏差値の標準偏差》は $\sqrt{100}$ だから 10 なんだ」

解答 3（偏差値の分散）
あるテストを受けた人が n 人いて、点数がそれぞれ $x_1, x_2, \ldots, x_n$ であるとする。
このテストにおける各人の偏差値を $y_1, y_2, \ldots, y_n$ としたとき、$y_1, y_2, \ldots, y_n$ の分散は、

$$100$$

になる。

ミルカ「偏差値の定義に出てきた二つの定数、50 と 10 は、それぞれ《偏差値の平均》と《偏差値の標準偏差》になっている」

偏差値の定義に出てくる二つの定数

$$\underbrace{50}_{《偏差値の平均》} + \underbrace{10}_{《偏差値の標準偏差》} \times \frac{x_k - \mu}{\sigma}$$

僕「なるほどなあ——偏差値は、$x_1, x_2, \cdots, x_n$ がどんな値でも、

- 《偏差値の平均》が 50 になるように、
- 《偏差値の標準偏差》が 10 になるように、

定義されているわけなんだね」

ミルカ「そう。もっとも、50 や 10 に特別な意味はないけれど」

3.8 偏差値の意味

僕「この式から、偏差値の意味があらためてわかってきたよ」

$$y_k = 50 + 10 \times \frac{x_k - \mu}{\sigma}$$

ミルカ「そう？」

僕「うん、だってね、まず $50 + \cdots$ の部分は、さっきも考えたように偏差値の平均を 50 にそろえるためだよね。テストごとに平均点が変わったとしても、偏差値に変換してしまえば、どんなテストでも 50 が平均になる」

テトラ「はい。偏差値の世界ではいつも50が平均なのですね」

僕「そして、偏差値の定義の残りの部分、つまり、$\cdots + 10 \times \dfrac{x_k - \mu}{\sigma}$ だけど、$\dfrac{x_k - \mu}{\sigma}$ は《標準偏差と比べたときの偏差の大きさ》を表していることになるよね」

テトラ「えっと……」

僕「まず、$x_k - \mu$ というのは x_k の偏差で……」

テトラ「k さんの点数が平均点よりもどれだけ良いか、ですね」

僕「そして σ は $x_1, x_2, \ldots, x_n$ の標準偏差になる」

テトラ「はい……」

僕「分散 V は $(x_1 - \mu)^2, (x_2 - \mu)^2, \ldots, (x_n - \mu)^2$ の平均なんだから、分散というのは《偏差の 2 乗》の平均的な値を表しているといえる。そのルートを取るんだから、標準偏差 σ はある意味《平均的な偏差》を表している」

テトラ「は、はい」

僕「ということは、$\frac{x_k - \mu}{\sigma}$ は何を表しているだろう？」

テトラ「標準偏差に比べて、k さんの偏差がどれくらいか……」

僕「そうだね！　標準偏差を基準としたときの比なんだ。もしも x_k の偏差が標準偏差とぴったり等しいなら、$\frac{x_k - \mu}{\sigma} = 1$ になるし、x_k の偏差が標準偏差の 2 倍なら、$\frac{x_k - \mu}{\sigma} = 2$ になる。要するに、$\dfrac{x_k - \mu}{\sigma}$ は《x_k の偏差が、標準偏差の何倍になるか》を表現している」

ミルカ「話がくどいな」

テトラ「いえ、あたし、いまの先輩のお話でわかりました！ 偏差値では、この $\frac{x_k-\mu}{\sigma}$ を 10 倍していますよね。ということは、たとえば偏差値が 60 の人……つまり《偏差値が 50 よりも 10 多い人》というのは、《点数が、平均点よりも標準偏差 1 個分だけ高い人》のことなんです！」

ミルカ「ふむ」

僕「そうそう！ そうなるね。偏差値の定義をよく見ると、それがわかる」

偏差値 y_k	点数 x_k
$30 = 50 - 20$	平均点 $-\ 2 \times$ 標準偏差
$40 = 50 - 10$	平均点 $-\ 1 \times$ 標準偏差
50	平均点
$60 = 50 + 10$	平均点 $+\ 1 \times$ 標準偏差
$70 = 50 + 20$	平均点 $+\ 2 \times$ 標準偏差

ミルカ「それは正しい」

僕「偏差値の中には、平均点と標準偏差が*織り込まれている*といえるんだよ！ 点数の平均点、分散、標準偏差を知らなくても、偏差値を聞いただけで、平均点から標準偏差の何倍分ずれた点数なのか、それがわかることになる！」

テトラ「あ、あの……すみません。偏差値の定義から《偏差値の平均》が 50 になることや、《偏差値の標準偏差》が 10 になることはわかりました。《偏差値が 50 よりも 10 多い人》は、《点数が、平均点よりも標準偏差 1 個分だけ高い人》だというのもわかります。でも、“So what?”（だから、なに？）とまた思えてきちゃいました……」

ミルカ「話が戻ってきたようだな。試験があったとき、自分の点数が高ければ《すごい》といえるだろうか。いや、いえない。他の人の点数も高いかもしれないからだ。自分の点数だけを見て《すごい》とはいえない」

テトラ「はい、そうですね」

ミルカ「他の人の点数と比べるために、自分の点数を平均と比較してみよう。自分の点数が平均よりも高ければ《すごい》といえるだろうか。いや、いえない。《ちらばりの度合い》すなわち分散が大きいかもしれないからだ。分散が大きければ——すなわち、標準偏差が大きければ——平均より高い点数でもありふれている可能性がある。自分の点数を平均と比べるだけでは、まだ《すごい》とはいえないのだ」

テトラ「そうでしたそうでした！」

ミルカ「だから $\frac{x-\mu}{\sigma}$ に注目する。平均 μ から標準偏差 σ の何個分ずれているかがわかるからだ。平均と標準偏差がわかっていれば、特定の数値を見たときに、その数値が《どれだけ驚くべき数値》なのかがわかる。正規分布と見なせる分布の場合には非常に正確にわかるけれど、分布を仮定しなくてもわかることはある」

テトラ「……」

ミルカ「特定の数値を見ただけで《すごい》と驚くのは早すぎる。平均を調べて《すごい》と驚くのもまだ早い。《すごい》

と驚くなら、**平均と標準偏差の両方を確かめてから驚くべきだな**」

僕「偏差値は、平均が 50 で、標準偏差が 10 だと最初からわかっているから便利なんだね」

テトラ「ところで、標準偏差分ずれた点数というのは、*どれだけ*《すごい》ことなんでしょう」

ミルカ「データの分布が 正規分布で近似できる場合 という大前提が入るけれど、

- 偏差値が 60 以上なら、上位約 16%
- 偏差値が 70 以上なら、上位約 2%

というくらいの《驚きの度合い》といえる」

テトラ「それ、暗記なさってるんですか？」

ミルカ「暗記しているのは、

$$34,\quad 14,\quad 2$$

という 3 つの数だけ。《34, 14, 2》を覚えているといい」

テトラ「サンヨン、イチヨン、ニ？」

ミルカ「そう。正規分布というのは、さまざまな場面に登場する最も重要な分布だ。たとえば、身長の分布や測定誤差の分布などは正規分布で近似できることが多いといわれている。物理学、化学、医学、心理学、経済学……あらゆる分野に正規分布で近似できる統計量が現れる」

テトラ「そうなんですか」

ミルカ「正規分布で近似できる分布のグラフは、このような釣り鐘形になる」

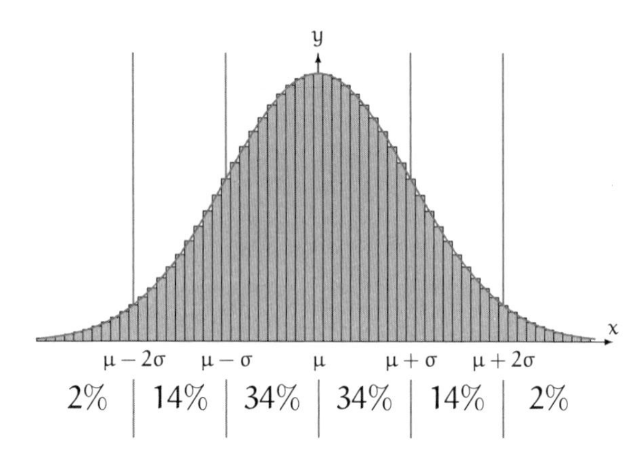

正規分布で近似できる分布

ミルカ「この正規分布のグラフを標準偏差 σ ごとに区切ると、おおよそ 34%, 14%, 2% という割合が現れる。偏差値が 60 以上なら上位約 16% というのは $14 + 2 = 16$ として得られる。繰り返すが、このような割合になるのは、あくまでデータが正規分布で近似できる場合だけだ。正規分布はさまざまな場面に登場するが、すべての分布が正規分布で近似できるわけではない。分布がわからないときに正規分布で近似するのはよくあるけれど、それが正しいかどうかは十分吟味が必要になる。試験の成績もそうだ。点数の分布が正規分布で近似できる保証はどこにもない」

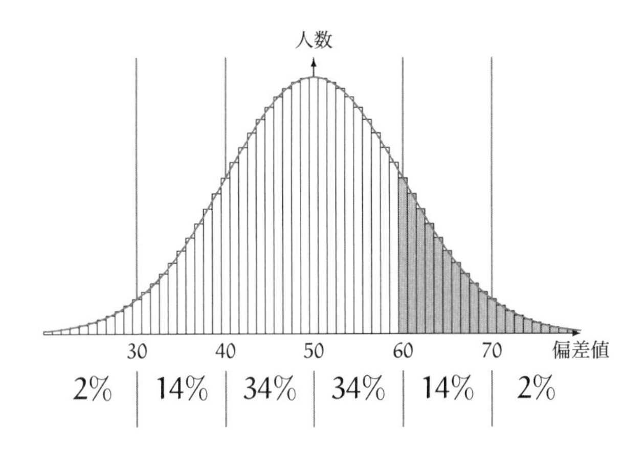

偏差値が 60 以上は上位約 16%
(データが正規分布で近似できる場合)

テトラ「正規分布なら《34, 14, 2》……」

瑞谷女史(みずたに)「下校時間です」

“人が驚くようなことを、「珍しい」と呼ぶ。”

第3章の問題

●問題 3-1（分散）

n 個の数値（$x_1, x_2, \ldots, x_n$）からなるデータがあるとします。このデータの分散が 0 になるのはどんなときですか。

（解答は p. 261）

●問題 3-2（偏差値）

偏差値に関する①～④の問いに答えてください。

① 点数が平均点より高いとき、自分の偏差値は 50 より大きいといえるか。

② 偏差値が 100 を超えることはあるか。

③ 全体の平均点と自分の点数さえわかれば、自分の偏差値を計算できるか。

④ 生徒 2 人の点数差が 3 点ならば、偏差値の差は 3 になるか。

（解答は p. 262）

●問題 3-3（驚きの度合い）

平均が等しくても、分散が違えば100点の《すごさ》も変わるという話題が本文に出てきました（p. 114）。以下の試験結果AとBは、どちらも生徒10人が受けた試験の結果で、どちらも平均は50点です。試験結果AとBのそれぞれについて、100点に対する偏差値を求めてください。

受験番号	1	2	3	4	5	6	7	8	9	10
点数	0	0	0	0	0	100	100	100	100	100

試験結果 A

受験番号	1	2	3	4	5	6	7	8	9	10
点数	0	30	35	50	50	50	50	65	70	100

試験結果 B

（解答は p. 267）

●問題 3-4（正規分布と《34, 14, 2》）

正規分布のグラフを標準偏差 σ ごとに区切ると、おおよそ34%, 14%, 2% という割合が現れるという話題が本文に出てきました（p. 138）。

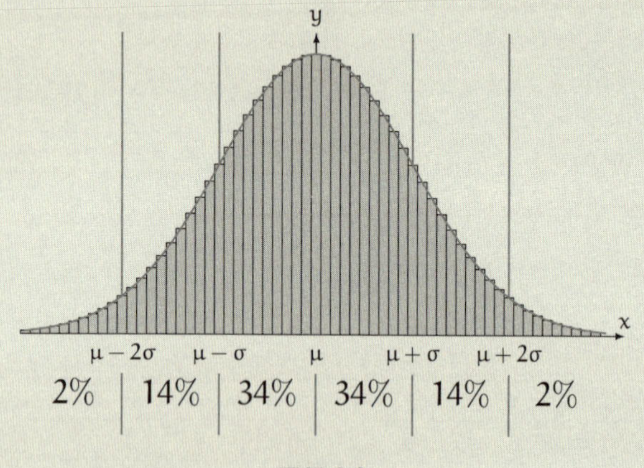

正規分布

データの分布が正規分布で近似できると仮定して、以下の不等式を満たす数値 x の個数が全体に占めるおおよその割合を求めてください。ただし、μ は平均、σ は標準偏差を表すものとします。

① $\mu - \sigma < x < \mu + \sigma$

② $\mu - 2\sigma < x < \mu + 2\sigma$

③ $x < \mu + \sigma$

④ $\mu + 2\sigma < x$

（解答は p. 270）

第4章

コインを10回投げたとき

“表が出るか、裏が出るか。二つに一つだ。”

4.1　村木先生の《カード》

ここは高校の図書室。いまは放課後。僕が本を読んでいると、テトラちゃんがぶつぶつ言いながら現れた。

テトラ「やっぱり、ごかい？」

僕「テトラちゃん、何が誤解？」

テトラ「あ、先輩！　あのですね、村木先生から《カード》をいただいたんですが、それが……とても簡単な問題で」

村木先生は僕たちにときどき《カード》を渡す。そこにはおもしろい問題や、謎の数式が書かれているのだ。

僕「簡単なのに、誤解を生むって？」

テトラ「え？　あ、違います。“five times” です。5回です。それこそ誤解ですっ！」

僕「ああ、そういうことか……で、村木先生から、どんな問題をもらってきたの？」

テトラ「はいっ、これです」

> コインを10回投げたとき、
>
> 表は何回出るだろう。

僕「これだけ？」

テトラ「これだけ、です」

僕「コインを10回投げたとき、表(おもて)は何回出るだろう。何だか、ひとりごとみたいな問題だね。テトラちゃんは、10回投げたとき、その半分の5回が表になると思ってる——と、そういうこと？」

テトラ「はいはい。そういうこと、です」

テトラちゃんは小刻みに頷(うなず)く。

僕「うーん、でも、コインを10回投げたとき、**いつも表が5回出るとは限らない**よね」

テトラ「あ、はい。それはわかっています。4回出ることもありますし、5回のことも、6回のことも……何でしたら、10回ぜんぶが表という場合だってあります。コインを10回投げたとき、表は1回から10回まで、どれでも出る可能性がありますから」

僕「そうだけど、0 回の場合もあるよね」

テトラ「あっ、はい。0 回もあります。ぜんぶが裏になるときですね。コインを 10 回投げたとき、表は 0 回から 10 回まで、どの可能性もあります」

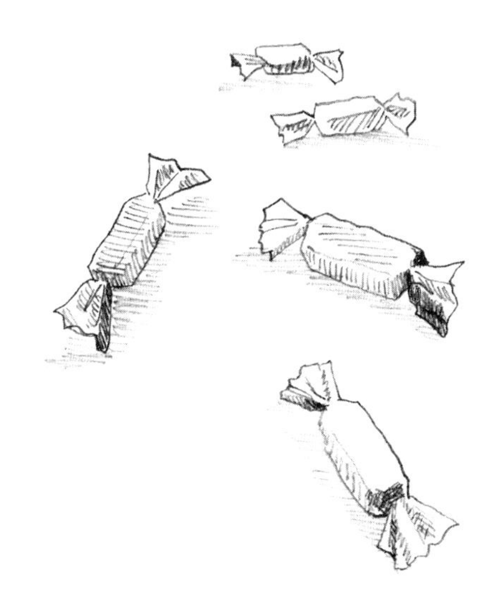

テトラちゃんと僕が考えたこと

コインを 10 回投げたとき、表が出る回数は 0 回から 10 回まで、どの可能性もある。たとえば、以下のように。

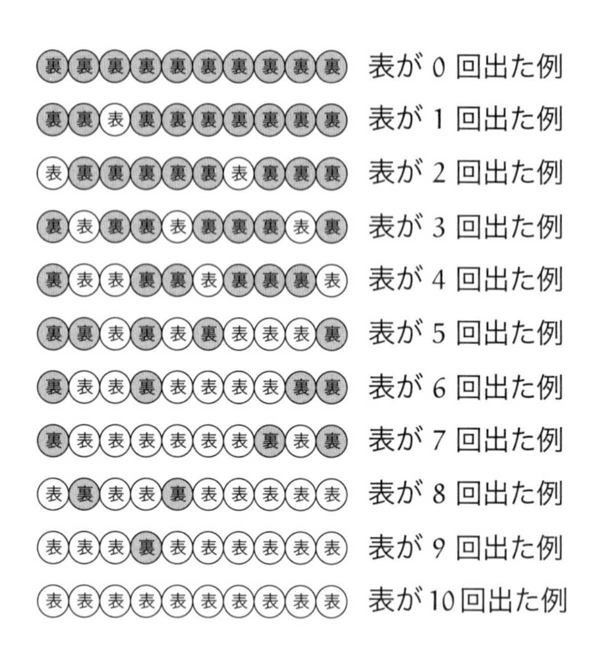

テトラ「ですから、この村木先生の《カード》に対して、《表は何回出る》と正確に答えることはできません。でも、この《カード》で尋ねられているのは、おおよそ何回**くらい**表が出るだろうか、ということだと思ったんです」

僕「なるほど——ところで、テトラちゃんがこの《カード》をもらったとき、村木先生は何か言ってた？」

テトラ「いえ、特には何も。先生が《カード》をくださったのは、あたしが偏差値についてのレポートを持っていったときです」

僕「ああ、レポート書いたんだ」

テトラ「はい、先日学んだ偏差値についてまとめて……」

僕「ははーん。だったら、村木先生は《関連問題》として、この《カード》をくれたんだよ」

テトラ「関連問題？」

僕「うん。偏差値では**平均**と**標準偏差**が重要な役割を果たしていた。だから、コインを 10 回投げたときの《表が出る回数》の平均と標準偏差を求めたらおもしろいかも」

テトラ「なるほどです！」

4.2 《表が出る回数》の平均

僕「まずは《表が出る回数》の平均から」

問題1（平均 μ を求める）
コインを10回投げたときの、《表が出る回数》の平均 μ を求めよ。

テトラ「平均ですから、すべてを加えて11で割ればいいですね」

僕「えっ？」

テトラ「えっ？　0回から10回までの11通りがありますので、11で割るんですよね」

僕「いやいや、テトラちゃんは勘違いしているんじゃないかな」

テトラ「コインの《表が出る回数》の平均を求めるんですよね？　先ほど考えたように、《表が出る回数》というのは、0回、1回、2回、……、そして10回のどれかです。《表が出る回数》のすべてを加えて11で割ってはいけないんですか？　計算すると……やっぱり5になります！」

《表が出る回数》の平均（？）

$$\frac{0+1+2+3+4+5+6+7+8+9+10}{11} = \frac{55}{11} = 5$$

僕「テトラちゃん、テトラちゃん、落ち着いて考えて。テトラちゃんは、何の平均を求めているの？」

テトラ「《表が出る回数》の平均ですが……」

僕「うん、そうなんだけど、もう少し言葉を補ってみるよ。いま、僕たちが知りたいのは《コインを 10 回投げる》という**試行**(しこう)を、何セットも繰り返したとき、平均したら《表が何回出るか》ということだよね」

テトラ「《コインを 10 回投げる》という試行を何セットも繰り返す……確かにおっしゃる通りです。あまり深く考えていませんでしたけれど」

試行 1 セット目 裏表裏表裏裏表裏裏裏 表は 3 回出た
試行 2 セット目 裏裏表裏表表表裏裏表 表は 5 回出た
試行 3 セット目 表裏表裏裏裏表裏裏表 表は 4 回出た
⋮

《コインを 10 回投げる》という試行を繰り返す例

僕「いまテトラちゃんが書いた、

$$\frac{0+1+2+3+4+5+6+7+8+9+10}{11}$$

という計算は、まるで——《表が 0 回出る》《表が 1 回出る》《表が 2 回出る》……《表が 10 回出る》という 11 通りのすべての場合が、ぜんぶ等しい確率で起こると考えているみたいだよ。0 から 10 までの数に対して $\frac{1}{11}$ を掛けて足し合わせているわけだから」

$$
\begin{aligned}
&\frac{0+1+2+3+4+5+6+7+8+9+10}{11}\\
&= \frac{0}{11}+\frac{1}{11}+\frac{2}{11}+\frac{3}{11}+\frac{4}{11}+\frac{5}{11}+\frac{6}{11}+\frac{7}{11}+\frac{8}{11}+\frac{9}{11}+\frac{10}{11}
\end{aligned}
$$

テトラ「あれ、それは……変ですね」

僕「《コインを10回投げる》試行を1セット行ったときの《表が出る回数》は、同じ確率とは限らないよね。だから、単純に足して割っただけじゃだめだよ」

テトラ「ああ……」

僕「平均して何回表が出るかを知りたいんだから、《表が出る回数》に《その回数になる確率》を掛ける。回数に、確率という重みを付けて足し合わせるんだよ。重み付きの平均だね」

テトラ「……なるほど」

僕「さっきの問題1では平均と言ったから誤解したのかもしれないね。**期待値**(きたいち)と言ったほうがよかったかも」

テトラ「期待値？」

僕「うん。《表が出る回数》の平均的な値のことを《表が出る回数》の**期待値**というんだ。そして、《表が出る回数》の期待値は、《表が出る回数》に《その回数になる確率》を掛けて、足し合わせる」

テトラ「《表が出る回数》に《その回数になる確率》を……」

僕「たとえば《表が k 回出る確率》を P_k と書くことにすると、$0 \cdot P_0$ と、$1 \cdot P_1$ と、$2 \cdot P_2$ と続いて、$10 \cdot P_{10}$ までを足し合

わせるんだ」

テトラ「ということは、

$$0 \cdot P_0 + 1 \cdot P_1 + 2 \cdot P_2 + \cdots + 10 \cdot P_{10}$$

ですか？」

僕「そうだね。それが《表が出る回数》の期待値になる」

コインを 10 回投げたときの《表が出る回数》の期待値

《表が出る回数》の期待値は、

$$0 \cdot P_0 + 1 \cdot P_1 + 2 \cdot P_2 + \cdots + 10 \cdot P_{10}$$

で求められる。ただし、P_k は《表が k 回出る確率》とする。

テトラ「あの……平均と期待値というのは同じものなんですか？」

僕「うん、平均は期待値と同じと考えていいけど、期待値という言葉は**確率変数**に対して使う」

テトラ「確率変数？」

僕「いまの話でいうと《表が出る回数》が確率変数だね。つまり《コインを 10 回投げる》という試行を行うたびに、具体的な値が決まるもののことを確率変数というんだ」

テトラ「《コインを 10 回投げる》と、そのたびに表が 0 回出たり、3回出たり、10回出たりしますけど、それが確率変数ということでしょうか」

僕「《表が出る回数》が確率変数で、0や3や10などは、確率変数の値だね」

テトラ「なるほど」

僕「《表が出る回数》が確率変数で、その具体的な値は試行のたびに変わる。そして、確率変数の平均的な値のことを期待値という。だから、平均と期待値というのはほとんど同じ意味だと思っていいよ」

テトラ「期待値という名前は《表が何回出ることが期待できるか》という意味ですね？　きっと」

僕「そうだね！　そして、期待値を求めるためには、確率変数のそれぞれの値がどれだけの確率で得られるかを考えて、重みを付けた平均を計算することになる」

テトラ「重みというのは、ここでは確率ですよね」

僕「そうそう。確率が高ければその値が出やすいし、確率が低ければその値は出にくい。確率変数の値を、確率を使って重み付けをした平均が期待値ということ」

テトラ「だいぶイメージがわかってきました。《表が出る回数》の期待値を求めるときの、

$$0 \cdot P_0 + 1 \cdot P_1 + 2 \cdot P_2 + \cdots + 10 \cdot P_{10}$$

という式は、k に P_k という重みを付けた平均を計算しているんですね」

僕「そうそう、そういうこと」

テトラ「ということは、《表が出る回数》の期待値を求めるためには、ここに出てくる $P_0, P_1, P_2, \ldots, P_{10}$ をそれぞれ計算すればいいんでしょうか？」

僕「その通り。表が k 回出る確率 P_k を計算しよう！」

4.3 表が k 回出る確率 P_k

> **問題2**（確率を求める）
> コインを 10 回投げるとき、表が k 回出る確率を P_k とする。
> P_k を求めよ。

テトラ「これは難しくありません」

僕「そうだね。コイン 10 回投げるすべての場合を考えて……」

テトラ「お待ちください、先輩」

　テトラちゃんは僕の前に手のひらを広げた。ストップ、の合図。

テトラ「名誉挽回、今度はきちんと答えます。いまから求めるのは、コイン 10 回投げたときに表が k 回出る確率 P_k です」

僕「うん」

テトラ「ということは……

$$\text{《表が k 回出る確率 } P_k\text{》} = \frac{\text{《表が k 回出る場合の数》}}{\text{《すべての場合の数》}}$$

という式で求められますよね」

僕「そうなるね。コインを 10 回投げたときの《すべての場合》というのは等しい確率で起きるから」

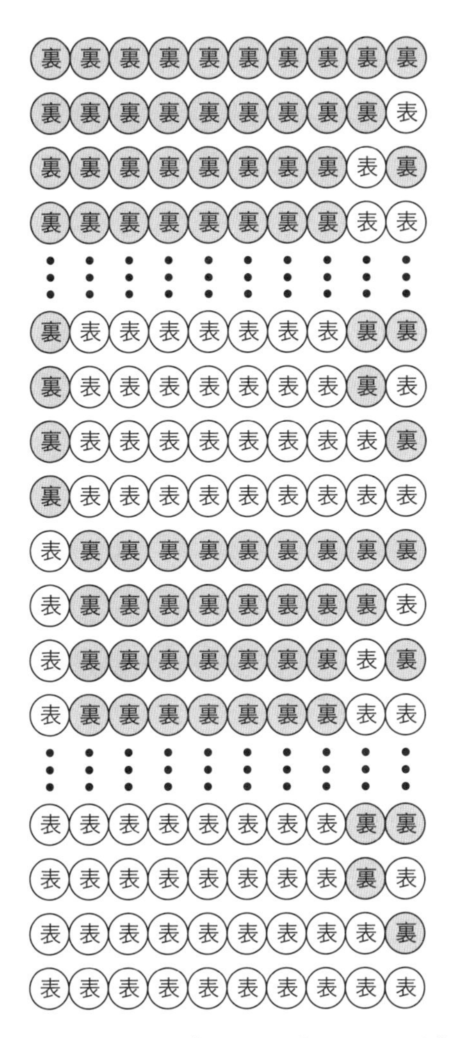

コインを 10 回投げたときの《すべての場合》

テトラ「はい。コインを 10 回投げたときのすべての場合の数は 2^{10} 通りあります。なぜなら、1 回目が表裏の 2 通りあって、そのそれぞれに対して 2 回目も表裏の 2 通りあって、……これを繰り返して、

$$\underbrace{2 \times 2 \times 2 \times 2 \times 2 \times 2 \times 2 \times 2 \times 2 \times 2}_{10\text{個}} = 2^{10}$$

がすべての場合の数になりますから」

僕「そうだね」

テトラ「そして、10 回のうち表が k 回出る場合の数は、10 枚から k 枚を選ぶ組み合わせを考えればいいので、

$$_{10}\mathrm{C}_k = \binom{10}{k} = \frac{10!}{k!\,(10-k)!}$$

になりますね*」

僕「うんうん、いいよ」

テトラ「ですから、求める確率 P_k は、

$$\begin{aligned} P_k &= \frac{1}{2^{10}} \cdot \binom{10}{k} \\ &= \frac{1}{2^{10}} \cdot \frac{10!}{k!\,(10-k)!} \end{aligned}$$

となります」

---

* 『数学ガールの秘密ノート/場合の数』参照。

解答2（確率を求める）
コインを10回投げたとき、表がk回出る確率P_kは、

$$P_k = \frac{1}{2^{10}} \cdot \binom{10}{k} = \frac{1}{2^{10}} \cdot \frac{10!}{k!\,(10-k)!}$$

で求められる。

僕「すごいすごい。一発で正解だ」

テトラ「あ、ありがとうございます。それはいいんですが……これ、計算がものすごいことになるような気がします！」

僕「元気少女テトラちゃんがめげるのは珍しいね」

テトラ「き、きっと、がんばれば、なんとか！ ……まずですね、P_0から考えます。$k=0$を当てはめればいいんですから」

$$\begin{aligned} P_0 &= \frac{1}{2^{10}} \cdot \frac{10!}{0!\,(10-0)!} \\ &= \frac{1}{2^{10}} \cdot \frac{10!}{1 \cdot 10!} && 0! = 1 \text{ だから} \\ &= \frac{1}{2^{10}} && 10! \text{ で約分} \end{aligned}$$

僕「できたね」

テトラ「$P_0 = \frac{1}{2^{10}}$なんですね」

僕「そうそう。P_0は《表が0回出る確率》だから、10回すべてが裏のとき。それは2^{10}通りのうちたった1通りしかない。

それで、$P_0 = \frac{1}{2^{10}}$ の分子は1になってる」

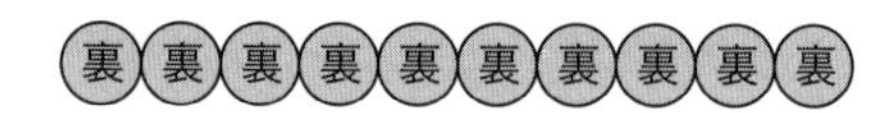

表が 0 回になるのは 1 通り

テトラ「そうですね」

僕「同じように、P_1 もすぐに求められるよ」

テトラ「はい！」

$$
\begin{aligned}
P_1 &= \frac{1}{2^{10}} \cdot \frac{10!}{1!\,(10-1)!} \\
&= \frac{1}{2^{10}} \cdot \frac{10!}{9!} \\
&= \frac{1}{2^{10}} \cdot \frac{10 \times 9!}{9!} && 10! = 10 \times 9! \text{ だから} \\
&= \frac{10}{2^{10}} && 9! \text{ で約分}
\end{aligned}
$$

テトラ「P_1 も簡単ですね。$P_1 = \frac{10}{2^{10}}$ ですから、約分して $\frac{5}{2^9}$ になります」

僕「あ、その約分はしないほうがいいかも。そのほうが意味がよくわかるから。P_1 は《1回だけ表が出る確率》だ。1回目だけ表の場合、2回目だけ表の場合、……そして、10回目だけ表の場合がある。つまり、10通りだね。約分しないで分母を 2^{10} のままにしておくと、$P_1 = \frac{10}{2^{10}}$ の分子も10になってくれる」

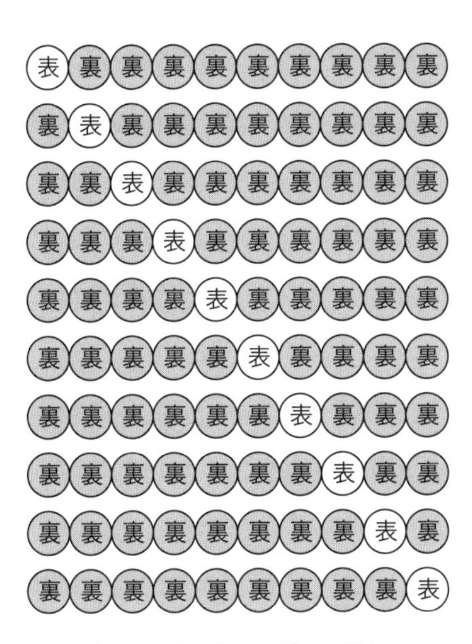

表が1回になるのは 10通り

テトラ「なるほどです。わかりました。では続けてP_2を！」

$$\begin{aligned}
P_2 &= \frac{1}{2^{10}} \cdot \frac{10!}{2!\,(10-2)!} \\
&= \frac{1}{2^{10}} \cdot \frac{10!}{2 \cdot 8!} && 2! = 2 \times 1 = 2 \text{ だから} \\
&= \frac{1}{2^{10}} \cdot \frac{10 \times 9 \times 8!}{2 \cdot 8!} && 10! = 10 \times 9 \times 8! \text{ だから} \\
&= \frac{1}{2^{10}} \cdot \frac{10 \times 9}{2} && 8! \text{ で約分} \\
&= \frac{45}{2^{10}}
\end{aligned}$$

テトラ「あたりまえですけれど、これも分母を 2^{10} にできます」

僕「$P_2 = \frac{45}{2^{10}}$ の分子は 45 になる。1, 10, 45, ... そろそろ気付かない？」

テトラ「何にですか？」

僕「一つ一つ計算せず、**パスカルの三角形**を使うことに！」

テトラ「あっ！」

4.4　パスカルの三角形

テトラ「そうですよね。10 枚から k 枚選ぶ組み合わせの数は、パスカルの三角形ですぐにわかります！　ううう……」

パスカルの三角形

1
1 1
1 2 1
1 3 3 1
1 4 6 4 1
1 5 10 10 5 1
1 6 15 20 15 6 1
1 7 21 35 35 21 7 1
1 8 28 56 70 56 28 8 1
1 9 36 84 126 126 84 36 9 1
1 10 45 120 210 252 210 120 45 10 1

パスカルの三角形の作り方

パスカルの三角形を作るには、各行の両端を1とし、隣り合った数を足したものを次の行の数とする。

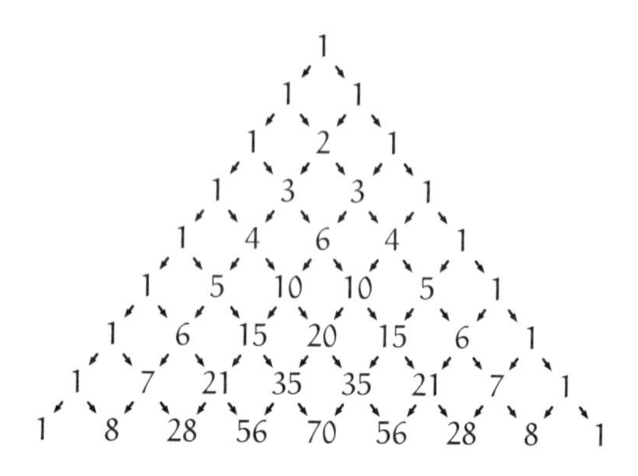

a　　b

a+b

僕「1, 10, 45, 120, 210, 252, 210, 120, 45, 10, 1 という数列が、$\binom{10}{k}$ で $k = 0, 1, 2, \ldots, 10$ に相当するわけだから、これをうまく使えば、期待値 μ の計算もできるよ」

$$\begin{matrix} 1 & 10 & 45 & 120 & 210 & 252 & 210 & 120 & 45 & 10 & 1 \\ \parallel & \parallel & \parallel & \parallel & \parallel & \parallel & \parallel & \parallel & \parallel & \parallel & \parallel \\ \binom{10}{0} & \binom{10}{1} & \binom{10}{2} & \binom{10}{3} & \binom{10}{4} & \binom{10}{5} & \binom{10}{6} & \binom{10}{7} & \binom{10}{8} & \binom{10}{9} & \binom{10}{10} \end{matrix}$$

パスカルの三角形で組み合わせの数が得られる

テトラ「《表が出る回数》で、こういうグラフが描けますね」

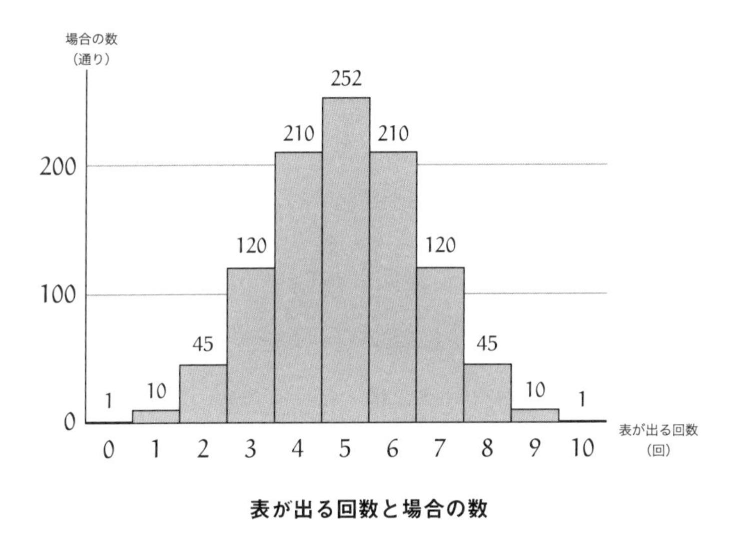

表が出る回数と場合の数

僕「そうだね。表が5回出るのは252通りもあるんだなあ」

テトラ「パスカルの三角形で組み合わせの数がわかりましたから、確率 P_k と期待値はもう計算できます！」

$$
\begin{aligned}
\mu &= 0 \cdot P_0 + 1 \cdot P_1 + 2 \cdot P_2 + \cdots + 10 \cdot P_{10} \\
&= 0 \cdot \frac{1}{2^{10}}\binom{10}{0} + 1 \cdot \frac{1}{2^{10}}\binom{10}{1} + 2 \cdot \frac{1}{2^{10}}\binom{10}{2} + \cdots + 10 \cdot \frac{1}{2^{10}}\binom{10}{10} \\
&= \frac{1}{2^{10}}\left\{0 \cdot \binom{10}{0} + 1 \cdot \binom{10}{1} + 2 \cdot \binom{10}{2} + \cdots + 10 \cdot \binom{10}{10}\right\} \\
&= \frac{1}{2^{10}}(0 \cdot 1 + 1 \cdot 10 + 2 \cdot 45 + 3 \cdot 120 + 4 \cdot 210 \\
&\qquad\qquad + 5 \cdot 252 + 6 \cdot 210 + 7 \cdot 120 + 8 \cdot 45 + 9 \cdot 10 + 10 \cdot 1) \\
&= \text{ええと}\cdots\cdots
\end{aligned}
$$

僕「あ、そこは対称性を使うといいよ。パスカルの三角形は左右対称だから、うまく組み合わせると掛け算を減らせる。1, 10, 45, 120, 210 を掛けているもの同士をまとめるんだ」

テトラ「なるほどです」

$$
\begin{aligned}
\mu &= \frac{1}{2^{10}}(0 \cdot \boxed{1} + 1 \cdot \boxed{10} + 2 \cdot \boxed{45} + 3 \cdot \boxed{120} + 4 \cdot \boxed{210} \\
&\qquad\qquad + 5 \cdot 252 + 6 \cdot \boxed{210} + 7 \cdot \boxed{120} + 8 \cdot \boxed{45} + 9 \cdot \boxed{10} + 10 \cdot \boxed{1}) \\
&= \frac{1}{2^{10}}((0 + 10) \cdot \boxed{1} + (1 + 9) \cdot \boxed{10} + (2 + 8) \cdot \boxed{45} + (3 + 7) \cdot \boxed{120} \\
&\qquad\qquad + (4 + 6) \cdot \boxed{210} + 5 \cdot 252) \\
&= \frac{1}{2^{10}}(10 \cdot 1 + 10 \cdot 10 + 10 \cdot 45 + 10 \cdot 120 + 10 \cdot 210 + 5 \cdot 252)
\end{aligned}
$$

テトラ「あっ、今度は 10 でまとめられます！」

$$
\begin{aligned}
\mu &= \frac{1}{2^{10}}(10 \cdot 1 + 10 \cdot 10 + 10 \cdot 45 + 10 \cdot 120 + 10 \cdot 210 + 5 \cdot 252) \\
&= \frac{1}{2^{10}}\left(10 \cdot (1 + 10 + 45 + 120 + 210) + 5 \cdot 252\right) \\
&= \frac{1}{2^{10}}(10 \cdot 386 + 5 \cdot 252) \\
&= \frac{1}{2^{10}}(3860 + 1260) \\
&= \frac{5120}{1024} \\
&= 5
\end{aligned}
$$

テトラ「できました！ 期待値はやっぱり 5 ですね」

解答 1（平均を求める）
コインを 10 回投げるとき、《表が出る回数》の平均（期待値）を μ とすると、

$$\mu = 5$$

である。

僕「うん、そうだね」

テトラ「平均つまり期待値は 5 で……あれ、先輩。$\mu = 5$ ってあたりまえですよね」

僕「どうしたの、急に」

テトラ「パスカルの三角形を考えると、左右対称になってます。ということは、期待値がちょうど 0 から 10 までの中央に来

るのはあたりまえなんじゃないでしょうか」

僕「確かに！　平均は重心だから、あたりまえだね」

4.5　二項定理

テトラ「パスカルの三角形で計算が楽になりました」

僕「二項定理と似た計算をしたわけだね」

二項定理

$$
\begin{aligned}
&(x+y)^n \\
&= \binom{n}{0}x^0y^{n-0} + \binom{n}{1}x^1y^{n-1} + \binom{n}{2}x^2y^{n-2} + \cdots + \binom{n}{n}x^ny^{n-n} \\
&= \sum_{k=0}^{n} \binom{n}{k}x^ky^{n-k}
\end{aligned}
$$

テトラ「え、ええと、二項定理は知っていますが……どこで出てきたことになるんでしょう？」

僕「え？　二項定理は $(x+y)^n$ を展開する式だけど、展開のときには《x と y のどちらを選ぶか》というのを《n 回》繰り返すよね。たとえば、$n=10$ だとこんな感じに」

$$(x+y)(x+y)(x+y)(x+y)(x+y)(x+y)(x+y)(x+y)(x+y)(x+y)$$

$$\downarrow$$

$$xyxxyyyxxx$$

テトラ「はい。10 個の $x+y$ のうち x を選んだのが 6 個で残りが y なので、$xyxxyyyxxx$ つまり x^6y^4 という項ができる。そして x^6y^4 という項は $\binom{10}{6}$ 個ある……ですね？」

僕「そうそう、それが二項定理なんだけど《x か y》を《表か裏》で考えると同じことになるわけだ」

(表か裏)(表か裏)(表か裏)(表か裏)(表か裏)(表か裏)(表か裏)(表か裏)(表か裏)(表か裏)

↓

表裏表表裏裏裏表表表

テトラ「なるほどです！ これは同じことをやっていますね」

4.6 《表が出る回数》の標準偏差

テトラ「今度は《表が出る回数》の標準偏差 σ を求めます」

> **問題 3**（標準偏差 σ を求める）
> コインを 10 回投げるとき、《表が出る回数》の標準偏差 σ を求めよ。

僕「標準偏差 σ は $\sqrt{\text{分散}}$ のことだから、まず分散 σ^2 を求めようか。分散は《偏差の 2 乗の平均》。つまり《偏差の 2 乗の期待値》だから、偏差の 2 乗に確率という重みを掛けて——こうかな」

$$\sigma^2 = \underbrace{(0-5)^2}_{\text{偏差の 2 乗}} P_0 + \underbrace{(1-5)^2}_{\text{偏差の 2 乗}} P_1 + \underbrace{(2-5)^2}_{\text{偏差の 2 乗}} P_2 + \cdots + \underbrace{(10-5)^2}_{\text{偏差の 2 乗}} P_{10}$$

テトラ「ここで5を引いているのは、平均が5だからですよね？」

僕「そうそう。平均を引いて偏差を求めてるんだね」

k	《表が出る回数》
$k-\mu$	《表が出る回数》の偏差
$(k-\mu)^2$	《表が出る回数》の偏差の 2 乗

テトラ「はい、わかります」

僕「だから、σ^2 を $\sum$ で書くと——」

$$\sigma^2 = \sum_{k=0}^{10} \underbrace{(k-\mu)^2}_{\text{偏差の 2 乗}} P_k = \sum_{k=0}^{10} (k-5)^2 P_k$$

テトラ「わかりました、それでは展開しますっ！　まず、$(k-5)^2 = k^2 - 10k + 5^2$ として……」

僕「展開しなくても、あのキャッチフレーズを使えるよ*」

$$《分散》=《2 乗の平均》-《平均の 2 乗》$$

テトラ「ははあ……こういうところで使うんですか」

僕「期待値を使って書けばこうだね」

$$《分散》=《2 乗の期待値》-《期待値の 2 乗》$$

* 第 3 章 p. 109 参照。

テトラ「なるほど」

僕「期待値は μ だから、分散 σ^2 はこれで得られる」

$$
\begin{aligned}
\sigma^2 &= 《2\text{ 乗の期待値}》-《\text{期待値の }2\text{ 乗}》 \\
&= \sum_{k=0}^{10} k^2 P_k - \mu^2 \\
&= \sum_{k=0}^{10} k^2 P_k - 25 && \mu^2 = 5^2 = 25 \text{ より}
\end{aligned}
$$

テトラ「あとは $\sum_{k=0}^{10} k^2 P_k$ の部分……つまり、

$$0^2P_0 + 1^2P_1 + 2^2P_2 + \cdots + 10^2P_{10}$$

という式を根気よく計算すればいいんですね。これなら、あたしできます。だって、平均 μ を求めたときのように、$\frac{1}{2^{10}}$ でくくってしまえば、パスカルの三角形ですもの！」

僕「そうだね！」

$$
\begin{aligned}
\sigma^2 &= 《2\text{ 乗の期待値}》-《\text{期待値の }2\text{ 乗}》\\
&= \sum_{k=0}^{10} k^2 P_k - 25\\
&= 0^2P_0 + 1^2P_1 + 2^2P_2 + \cdots + 10^2P_{10} - 25\\
&= \frac{1}{2^{10}}\,(0^2\cdot 1 + 1^2\cdot 10 + 2^2\cdot 45 + 3^2\cdot 120 + 4^2\cdot 210 + 5^2\cdot 252\\
&\qquad\quad +6^2\cdot 210 + 7^2\cdot 120 + 8^2\cdot 45 + 9^2\cdot 10 + 10^2\cdot 1) - 25\\
&= \frac{1}{2^{10}}\{(0+100)\cdot 1 + (1+81)\cdot 10 + (4+64)\cdot 45 + (9+49)\cdot 120\\
&\qquad\quad + (16+36)\cdot 210 + 25\cdot 252\} - 25\\
&= \frac{1}{2^{10}}\,(100\cdot 1 + 82\cdot 10 + 68\cdot 45 + 58\cdot 120 + 52\cdot 210 + 25\cdot 252) - 25\\
&= \frac{1}{2^{10}}\,(100 + 820 + 3060 + 6960 + 10920 + 6300) - 25\\
&= \frac{28160}{2^{10}} - 25\\
&= \frac{28160}{1024} - 25\\
&= 27.5 - 25\\
&= 2.5
\end{aligned}
$$

僕「パスカルの三角形の対称性を今回も使ったね」

テトラ「はい、でも、$\frac{28160}{1024}$ というものすごい計算になったのに、27.5 なんて切りがいい数がでてきました……不思議です。あたし、計算まちがえました？」

僕「いや、大丈夫だよ。ともかく、分散 $\sigma^2 = 2.5$ になったから、標準偏差は $\sigma = \sqrt{2.5}$ で、1.5 と 1.6 の間ってことか」

テトラ「えっ！ $\sqrt{2.5}$ を暗記してらっしゃるんですか?!」

僕「いやいや、$15^2 = 225$ と $16^2 = 256$ を暗記してるだけだよ。250 は 225 と 256 の間だから、$\sqrt{2.5}$ は 1.5 と 1.6 の間に来ることになるよね」

$$
\begin{array}{ccccc}
225 & < & 250 & < & 256 \\
15^2 & < & 250 & < & 16^2 \\
\sqrt{15^2} & < & \sqrt{250} & < & \sqrt{16^2} \\
15 & < & \sqrt{250} & < & 16 \\
1.5 & < & \sqrt{2.5} & < & 1.6
\end{array}
$$

テトラ「なるほどです。ということは、σ は 1.5 なになに、と……」

僕「電卓を使えば、もっと正確に求められるけどね。ともかく $\sigma = \sqrt{2.5}$ であることはわかった」

解答 3（標準偏差 σ を求める）
コインを 10 回投げるとき、《表が出る回数》の標準偏差を σ とすると、

$$\sigma = \sqrt{2.5}$$

である（$1.5 < \sigma < 1.6$）。

テトラ「求まりました……」

僕「けっこう大変だったね」

テトラ「あ、あの、ここまでの話を少しまとめさせてください。あたし、計算を始めると、そっちに意識をぽーんと持って行かれてしまうんです。振り返りをしておかないとすぐに迷子

になってしまって……」

- いま《コインを 10 回投げたとき》のことを考えています。
- 《表が出る回数》を毎回言い当てることはできません。
- もちろん《表が出る回数》は 0 回から 10 回までですけれど。
- そこで、平均したら表が何回出るかを考えようとしました。

僕「平均したら表が何回出るか。それが、期待値だね」

テトラ「はい！」

- 《表が出る回数》に《表がその回数になる確率》という重みを掛けてすべてを加えます。
- これで《表が出る回数》の**期待値**が得られます。
- 期待値を求めるため《表が k 回出る確率 P_k》を求めました。
- そのときに《10 回のうち表が k 回出る場合の数》を計算します。
- これは 10 枚から k 枚選ぶ組み合わせです。
- 組み合わせの数は、パスカルの三角形で簡単に求まります。
- これで $\mu = 5$ という期待値が得られました。
- 平均したら表が 5 回出るといえます。

僕「うん。それから、次は標準偏差だね」

テトラ「そうですね」

- 標準偏差 σ は $\sqrt{\text{分散}}$ ですから、分散を求めます。
- 分散は《偏差の 2 乗》の平均（期待値）として計算できます。
- 《偏差の 2 乗》に、確率を掛けてすべてを加えれば求まります。
- 実際の計算では、

  $$《分散》=《2 乗の期待値》-《期待値の 2 乗》$$

  を使いました。
- これをパスカルの三角形を使って計算すると、

$$\sigma^2 = 2.5$$

つまり、標準偏差としては、

$$\sigma = \sqrt{2.5}$$

が得られました。

僕「ちゃんと振り返ることができたね」

テトラ「計算は大変でしたけど、でも、何とかできました。パスカルの三角形で助かりました！」

僕「テトラちゃんがまとめてくれたおかげで、僕も頭が整理された。グラフも描いてくれたしね。ありがとう」

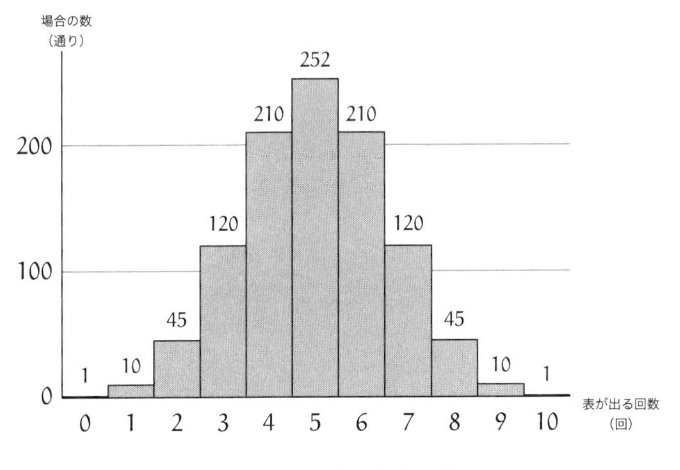

表が出る回数と場合の数

テトラ「いえいえ、あたしだけだったら計算はできなかったと思います。ともかく、期待値は5で、標準偏差は $\sqrt{2.5}$ でした」

僕「これで、村木先生の《表は何回出るだろう》という問いかけに、僕たちなりに答えることができたかな。《表が出る回数の期待値は5で、標準偏差は $\sqrt{2.5}$ である》ってね」

テトラ「はい……」

僕「もちろん、テトラちゃんが描いてくれたグラフそのものも、《表は何回出るだろう》に対する答えだね。だって、このグラフを見れば《表が出る回数》の確率がすぐにわかるから」

テトラ「はいっ！」

僕「期待値が5だから、平均的には5回表が出るだろうといえる。さらに標準偏差 σ が求まっているから、もしも表が出る回数が平均から外れたときに、それがどのくらい驚くべきことかまでわかるよ」

テトラ「そうですね。分散や標準偏差は《驚きの度合い》を表すんでした」

僕「うんうん。今回の場合 σ が $\sqrt{2.5}$ だから、1.5ぐらいと考えるなら、$\mu-\sigma$ と $\mu+\sigma$ はそれぞれ約3.5と約6.5になる。だから、σ くらいの《驚きの度合い》で考えることにすると、《コインを10回投げたとき、表は3.5〜6.5回ほど出るんだろうな》とわかる」

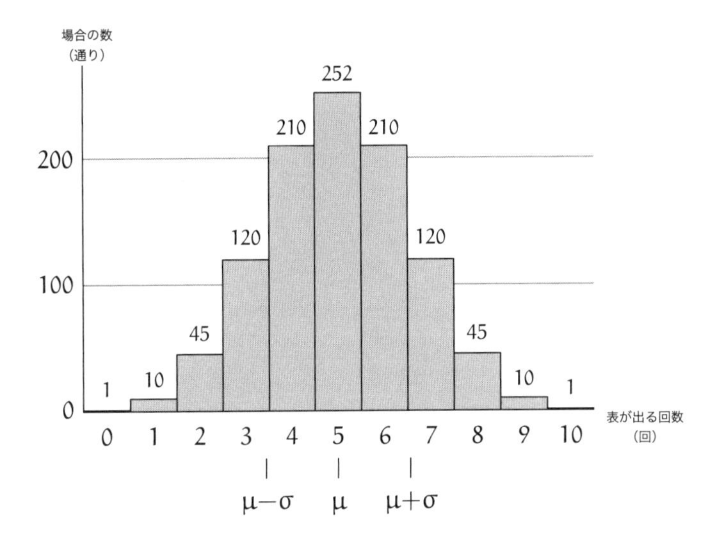

表が出る回数と場合の数

テトラ「ははあ、なるほど。よく起こりそうなことが《幅》でわかる感じでしょうか。それって、正確に計算できますよね。コインを10回投げたときに、表が4〜6回出る確率はわかります。だって、パスカルの三角形から、表が4,5,6回出る場合の数がわかりますから！」

僕「おおっ、確かに！ それは $P_4 + P_5 + P_6$ ということだね」

$$
\begin{aligned}
P_4 + P_5 + P_6 &= \frac{\text{《表が 4〜6 回出る場合の数》}}{\text{《すべての場合の数》}} \\
&= \frac{\binom{10}{4} + \binom{10}{5} + \binom{10}{6}}{2^{10}} \\
&= \frac{210 + 252 + 210}{1024} \\
&= \frac{672}{1024} \\
&= 0.65625
\end{aligned}
$$

テトラ「0.65625 です」

僕「ということは、コインを 10 回投げるとき《表が 4〜6 回の範囲で出る》といっておけば、おおよそ 65.6% で当たることになりそうだ」

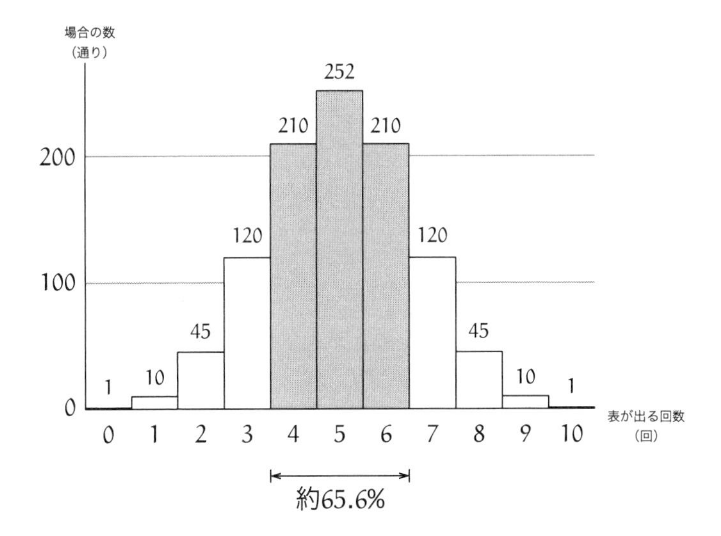

表が 4〜6 回の範囲で出る場合

テトラ「……先輩、標準偏差って大切ですね!!」

僕「うん、そうだね」

テトラ「あたしは《平均》はよく知っています。そして、データの平均がわかったら、そのデータのことがわかった気持ちでいました。『ああ、平均はこうなんだなあ』って……でも、でも、《標準偏差》がわかるってことは、もっとすごいことなんじゃないんでしょうか？　平均だけじゃわからないところまでわかる。そうですよ！　平均だけを聞いてわかった気になってちゃ、まずいんですよ」

僕「まずいっていうのは、どういうこと？」

テトラ「偏差値のときも思っていたんです。偏差値は平均が 50 で、標準偏差が 10 です。平均が 50 というのはわかるんですが、標準偏差が 10 であるというところもしっかり理解しないとだめですよね？　だって、自分の成績が、どのくらいの感じですごいのか、それは標準偏差でわかるわけですから！」

僕「うん、確かにそうだなあ。テトラちゃんがいうことは、僕たちの成績以外にもあてはまるかも。調査をして数をたくさん集めてデータにするっていうのは、きっと世の中のあちこちでやってるはずだけど、そのときに平均だけを考えてちゃまずいかも。平均だけじゃなく、標準偏差も確かめる。どんな値が飛び出してきたらどれだけ驚くべきことなのか——標準偏差は、その手がかりになるわけだから……」

テトラ「はい。平均だけを考えていたら誤解しそうです！」

“表が 10 回続けて出るか、出ないか。二つに一つだ。”

第4章の問題

●問題 4-1（期待値と標準偏差の計算）

サイコロを1回投げると、

⚀, ⚁, ⚂, ⚃, ⚄, ⚅

の6通りの目が出ます。サイコロを1回投げたときに出る目の期待値と標準偏差を求めてください。ただし、どの目が出る確率も $\frac{1}{6}$ であると仮定します。

（解答は p. 273）

●問題 4-2（サイコロゲーム）

サイコロを投げて点数を得る一人ゲームをします。ゲームを1度プレイしたときに得られる点数の期待値を、ゲーム①とゲーム②のそれぞれについて求めてください。

ゲーム①

サイコロを2回投げて、出た目の積が点数になる。
（⚂と⚄が出たら、$3 \times 5 = 15$ が点数）

ゲーム②

サイコロを1回投げて、出た目の2乗が点数になる。
（⚃が出たら、$4^2 = 16$ が点数）

（解答は p. 275）

第5章

投げたコインの正体は

“表しか出たことのないコインを、フェアだといえるか。”

5.1　和の期待値は、期待値の和

村木先生の《カード》を前に、僕とテトラちゃんは図書室で話し合っている。そこへ、ミルカさんがやってきた。

ミルカ「今日は、どんな問題？」

テトラ「あ、ミルカさん！《コインを10回投げたら、表が何回出るか》という問題を考えていたんです。この《カード》をもとにして」

コインを10回投げたとき、

表は何回出るだろう。

ミルカ「0回以上、10回以下」

僕「さっきテトラちゃんとも、その話をしてたんだ」

僕がそう言うと、ミルカさんは少しむっとした顔をする。

テトラ「コインを10回投げたときの《表が出る回数》、その期待値と標準偏差を計算していたんです。パスカルの三角形を使えば、手計算でもできるものなんですね」

ミルカ「期待値は5で、標準偏差は$\sqrt{2.5}$」

テトラ「まさかの暗算?!」

ミルカ「一般化すれば、**二項分布**$B(n, p)$の期待値はnpで、分散は$np(1-p)$だから。$n = 10$で$p = \frac{1}{2}$なら、期待値は5になる。分散は2.5で、標準偏差は$\sqrt{2.5}$だ。君の計算は？」

ミルカさんが僕たちの計算をのぞきこむ。長い黒髪が揺れる。

僕「こういう計算をしたんだけど」

コインを10回投げたときの《表が出る回数》の期待値

《表が出る回数》の期待値は、

$$0 \cdot P_0 + 1 \cdot P_1 + 2 \cdot P_2 + \cdots + 10 \cdot P_{10}$$

で求められる。ただし、P_kは《表がk回出る確率》とする。

ミルカ「**《和の期待値は、期待値の和》**を使わない理由は何？」

僕「和の期待値は——」

テトラ「——き、期待値の和？」

ミルカ「フェアなコインを 1 回 投げる。そのとき《表が出る回数》の期待値は $\frac{1}{2}$ だ。10 回 投げたときの期待値はそれを10回分足し合わせればいい。つまり、$\frac{1}{2}$ を 10 倍した 5 が期待値。**期待値の線型性**を使わない手はない」

$$\underbrace{\frac{1}{2}+\frac{1}{2}+\frac{1}{2}+\frac{1}{2}+\frac{1}{2}+\frac{1}{2}+\frac{1}{2}+\frac{1}{2}+\frac{1}{2}+\frac{1}{2}}_{10\text{ 回分}}=\frac{10}{2}=5$$

テトラ「そんなに簡単に求まるんですか！　期待値の線型性？」

僕「それでいいのか……」

ミルカ「期待値の線型性は、どんな確率変数にも使えて便利」

テトラ「二項分布、期待値の線型性、確率変数……あ、あのう、たくさんの言葉がつぎつぎ出てきて、テトラは迷子になりつつありますっ！」

テトラちゃんは《秘密ノート》にメモを取りつつ言った。

ミルカ「基本的な話から整理しよう」

5.2　期待値の線型性

ミルカ「《コインを投げる》ような行為を**試行**と呼ぶ。何を一つの試行として考えているのかを確かめるのは大事だ。《コインを 10 回投げる》《コインを 1 回投げる》《サイコロを 1 回投げる》……」

僕「さっきは《コインを 10 回投げる》という試行を考えていたわけだね」

ミルカ「そして、試行が行われたときに起きるできごとを**事象**(じしょう)と呼ぶ。**イベント**だ」

テトラ「“event”(イベント)……確かに《できごと》です」

ミルカ「それより細かく分割できない事象を**根元事象**(こんげん)と呼ぶ。そして、根元事象に対して値が定まる変数を**確率変数**という」

テトラ「あの……確率変数は、確率とは違うものですよね？」

ミルカ「確率変数は、確率とは違う」

僕「具体例で話そうよ」

ミルカ「ふむ。では《コインを 1 回投げる》という試行を考えよう。この場合、《表が出る》と《裏が出る》という 2 種類の根元事象がある」

テトラ「はい、わかります」

ミルカ「確率変数は、根元事象に対して値が定まる変数だ。たとえば、《コインを 1 回投げる》試行で《表が出る回数》を表す確率変数を X としよう。そうすると、《表が出る》と《裏が出る》という根元事象のそれぞれに対して、確率変数 X の値は次のように決まる」

根元事象	《表が出る回数》を表す確率変数 X の値
《表が出る》	1
《裏が出る》	0

僕「確率変数 X が《表が出る回数》なら、そうなるね」

テトラ「1 というのは 1 回、0 というのは 0 回、ですね？」

ミルカ「そう。そして、この表はこう書くこともできる。

$$\begin{cases} X(\text{《表が出る》}) = 1 \\ X(\text{《裏が出る》}) = 0 \end{cases}$$

だから、確率変数は《根元事象に対して値が定まる関数》ともいえる」

僕「おお、なるほど」

テトラ「確率変数なのに関数というのがおもしろいですね……」

ミルカ「確率変数は根元事象ごとにさまざまな値を取る。確率変数 X が取る平均的な値を、その確率変数 X の**期待値**と呼び、

$$E[X]$$

と表す。式で書くなら確率変数 X の期待値は、

$$E[X] = \sum k \cdot \Pr(X = k)$$

となる。ただし、$\sum$ は確率変数 X が取りうるすべての値 k

についての和を取ることにする」

期待値

確率変数 X の期待値 $\mathsf{E}[\mathsf{X}]$ を、

$$\mathsf{E}[\mathsf{X}] = \sum \mathsf{k} \cdot \Pr(\mathsf{X} = \mathsf{k})$$

で定義する。ただし、$\sum$ は確率変数 X が取りうるすべての値 k についての和を取ることにする。

テトラ「先輩方、ちょっとお待ちを……記号が急に出てきてテトラは混乱しています。$\mathsf{E}[\mathsf{X}]$ の E というのは何でしょうか」

ミルカ「$\mathsf{E}[\mathsf{X}]$ は、確率変数 X の期待値を表している。$\mathsf{E}[\mathsf{X}]$ の “E” は《期待値》—“<u>E</u>xpected Value” の頭文字」

テトラ「なるほどです。それで $\Pr(\mathsf{X} = \mathsf{k})$ というのは……？　カッコの中に $\mathsf{X} = \mathsf{k}$ という式が入っているのが、変な感じです」

僕「これは $\mathsf{X} = \mathsf{k}$ になる確率だよね」

ミルカ「そう。$\Pr(\mathsf{X} = \mathsf{k})$ は、《確率変数 X の値が k に等しくなる確率》を表している。Pr は《確率》—“<u>Pr</u>obability” の頭文字」

僕「さっき*は期待値を μ と書いてたなあ」

＊ 第 4 章を参照。

ミルカ「期待値は確率変数の平均だから、μ と書くこともある。しかし、$\mathrm{E}[X]$ のように書けば、確率変数 X の期待値であることがはっきりわかる」

僕「なるほどね」

ミルカ「《コインを 1 回投げる》という試行で、《表が出る回数》を表す確率変数を X とすると、X の期待値は、

$$\begin{aligned}\mathrm{E}[X] &= \sum_{k=0}^{1} k \cdot \Pr(X = k) \\ &= 0 \cdot \underbrace{\Pr(X = 0)}_{\text{裏が出る確率}} + 1 \cdot \underbrace{\Pr(X = 1)}_{\text{表が出る確率}}\end{aligned}$$

で得られる」

テトラ「すみません、確認です。$\Pr(X = 0)$ は《裏が出る確率》で、$\Pr(X = 1)$ は《表が出る確率》ということは、どちらも $\frac{1}{2}$ ですね？」

ミルカ「もしもそのコインが**フェア**な場合には、そうなる」

テトラ「“fair”(フェア)……《公平》ですか」

ミルカ「コインがフェアであるというのは、表と裏が同じ確率で出るという意味」

テトラ「わかりました」

ミルカ「コインがフェアだと仮定すると、確率変数 X の期待値 $\mathrm{E}[X]$ は次のようにして計算できる。X が取りうる値は 0 と 1 だから、0 に確率 $\Pr(X = 0)$ を掛け、1 に $\Pr(X = 1)$ を掛

けて和を取る。期待値の定義通りだ」

$$\begin{aligned}
\mathrm{E}[X] &= 0\cdot\underbrace{\Pr(X=0)}_{\frac{1}{2}}+1\cdot\underbrace{\Pr(X=1)}_{\frac{1}{2}}\\
&= 0\cdot\frac{1}{2}+1\cdot\frac{1}{2}\\
&= \frac{1}{2}
\end{aligned}$$

テトラ「ええと、この最後の $\frac{1}{2}$ は《コインを1回投げたときに表が出る回数の期待値》になるわけですよね？」

僕「そうだね」

ミルカ「フェアとはいえないコインでも同様に考えることができる。《コインを1回投げる》試行で、表が出る確率を p とすれば、裏が出る確率は $1-p$ になるので、《表が出る回数》を表す確率変数 X の期待値はこうなる」

$$\begin{aligned}
\mathrm{E}[X] &= 0\cdot\underbrace{\Pr(X=0)}_{1-p}+1\cdot\underbrace{\Pr(X=1)}_{p}\\
&= 0(1-p)+1p\\
&= p
\end{aligned}$$

テトラ「ここまではわかりました。えっと、それで……」

テトラちゃんは開いた《秘密ノート》を読み返す。

テトラ「先ほど《期待値の線型性》という言葉が出てきました。期待値の線型性というのは何でしょう」

ミルカ「期待値の線型性とは、期待値が持つ性質の一つ」

期待値の線型性

X, Y を確率変数とし、a を定数とすると、以下が成り立つ。

《和の期待値は、期待値の和》

$$\mathrm{E}[X+Y] = \mathrm{E}[X] + \mathrm{E}[Y]$$

《定数倍の期待値は、期待値の定数倍》

$$\mathrm{E}[aX] = a\mathrm{E}[X]$$

テトラ「……」

僕「確率変数の和 $X+Y$ の期待値である $\mathrm{E}[X+Y]$ を計算するとき、X の期待値 $\mathrm{E}[X]$ と、Y の期待値 $\mathrm{E}[Y]$ を加えればいいということだよ、テトラちゃん」

テトラ「は、はい……期待値がそういう性質を持っているとして、どうして先ほどのように期待値が簡単に求まるのかが、まだ、よく、わからなくて……あの、先輩が書いてくださった、期待値の式は理解しているんですが」

$$0 \cdot P_0 + 1 \cdot P_1 + 2 \cdot P_2 + \cdots + 10 \cdot P_{10}$$

ミルカ「この計算は期待値の定義通りだ。《表が出る回数》を表す確率変数 X が $0, 1, 2, \ldots, 10$ になる確率を律儀に求めて、期待値の定義通り、

$$E[X] = \sum_{k=0}^{10} k \cdot \Pr(X = k)$$

を計算したわけだ*」

僕「期待値の定義を使った僕の解答は正しいんだよね」

ミルカ「もちろん、正しい。期待値の線型性をどう使うかを説明しよう。いま、《コインを 10 回投げる》という試行を考え、《表が出る回数》を表す確率変数を X とする」

テトラ「はい」

ミルカ「同じ《コインを 10 回投げる》という試行に対して、X とは異なる別の確率変数を 10 個考える。こんな確率変数だ」

X_1 =《コイン投げ 1 回目で表が出たら 1、裏が出たら 0》

X_2 =《コイン投げ 2 回目で表が出たら 1、裏が出たら 0》

X_3 =《コイン投げ 3 回目で表が出たら 1、裏が出たら 0》

X_4 =《コイン投げ 4 回目で表が出たら 1、裏が出たら 0》

X_5 =《コイン投げ 5 回目で表が出たら 1、裏が出たら 0》

X_6 =《コイン投げ 6 回目で表が出たら 1、裏が出たら 0》

X_7 =《コイン投げ 7 回目で表が出たら 1、裏が出たら 0》

X_8 =《コイン投げ 8 回目で表が出たら 1、裏が出たら 0》

X_9 =《コイン投げ 9 回目で表が出たら 1、裏が出たら 0》

X_{10} =《コイン投げ 10 回目で表が出たら 1、裏が出たら 0》

テトラ「え……えっと？」

* 第 4 章（p. 151）参照。

ミルカ「X_j という確率変数は、《コインを 10 回投げる》という試行において、コイン投げ j 回目で表が出たら 1 で、裏が出たら 0 になるという確率変数だ」

テトラ「ぐ、具体的に……お願いします」

ミルカ「たとえば、コインを 10 回投げたときの表裏のパターンが 裏表表裏裏表表表**裏**裏 なら、$X_9 = \boxed{0}$ だ。そして 裏表表裏裏表表表**表**裏 なら、$X_9 = \boxed{1}$ になる。関数として書くなら、こうなる」

$$X_9(\text{裏表表裏裏表表表裏裏}) = \boxed{0}$$

$$X_9(\text{裏表表裏裏表表表表裏}) = \boxed{1}$$

テトラ「なるほど、X_9 は、9 回目に 表 が出るときだけ 1 になる確率変数なのですね！」

ミルカ「そう。ここから、明らかに次の式が成り立つ」

$$X = X_1 + X_2 + \cdots + X_{10}$$

テトラ「あのう、これは《明らか》なんでしょうか？」

僕「うん、テトラちゃん、これは明らかだよ。それぞれの確率変数の意味がわかっていればね。確率変数 X は《表が出る回数》だから、《j 回目で表が出たら 1》を表す確率変数 X_j の値を、すべて加えたものになるはずだよね」

テトラ「お待ちください。具体的に考えないと……たとえば、

裏表表裏裏表表表裏裏

の場合ですと——

$$X_1(\text{裏表表裏裏表表表裏裏}) = 0$$
$$X_2(\text{裏表表裏裏表表表裏裏}) = 1$$
$$X_3(\text{裏表表裏裏表表表裏裏}) = 1$$
$$X_4(\text{裏表表裏裏表表表裏裏}) = 0$$
$$X_5(\text{裏表表裏裏表表表裏裏}) = 0$$
$$X_6(\text{裏表表裏裏表表表裏裏}) = 1$$
$$X_7(\text{裏表表裏裏表表表裏裏}) = 1$$
$$X_8(\text{裏表表裏裏表表表裏裏}) = 1$$
$$X_9(\text{裏表表裏裏表表表裏裏}) = 0$$
$$X_{10}(\text{裏表表裏裏表表表裏裏}) = 0$$

——あ、わかりました。この 表 をぜんぶ合計した5が《表が出る回数》ですものね！

$$X(\text{裏表表裏裏表表表裏裏}) = 5$$

確かに、

$$X = X_1 + X_2 + \cdots + X_{10}$$

は成り立ちます！　明らかです！　納得です！」

ミルカ「納得したところで期待値の線型性を使えば、$E[X] = 5$ が出るのもわかる」

$$
\begin{aligned}
\mathrm{E}[X] &= \mathrm{E}[X_1 + X_2 + \cdots + X_{10}] && X = X_1 + X_2 + \cdots + X_{10} \text{ より} \\
&= \mathrm{E}[X_1] + \mathrm{E}[X_2] + \cdots + \mathrm{E}[X_{10}] && \text{期待値の線型性より} \\
&= \underbrace{\frac{1}{2} + \frac{1}{2} + \cdots + \frac{1}{2}}_{10\text{ 個}} && \mathrm{E}[X_j] = \tfrac{1}{2} \text{ より} \\
&= 5
\end{aligned}
$$

テトラ「なるほど……納得の上にまた納得です！」

ミルカ「表が出る確率を p とし、投げる回数を n とすれば一般化ができる。つまり、

$$
\begin{aligned}
\mathrm{E}[X] &= \mathrm{E}[X_1 + X_2 + \cdots + X_n] \\
&= \mathrm{E}[X_1] + \mathrm{E}[X_2] + \cdots + \mathrm{E}[X_n] \\
&= \underbrace{p + p + \cdots + p}_{n\text{ 個}} \\
&= np
\end{aligned}
$$

ということだ。これで、《表が出る回数》の期待値は np であることがわかった。少しの計算で《表が出る回数》の標準偏差が $\sqrt{np(1-p)}$ で得られることもわかる*」

5.3　二項分布

再びテトラちゃんは《秘密ノート》を開く。

テトラ「先ほど《二項分布》という言葉も出てきました」

---

* 付録：二項分布の期待値・分散・標準偏差 (p. 236) 参照。

ミルカ「**二項分布**（にこうぶんぷ）というのは、確率分布の一種。確率 p で表が出るコインを n 回投げたときに、《表が出る回数》を表す確率変数が従う確率分布が二項分布だ。毎回のコイン投げは独立とする」

テトラ「独立？」

僕「過去に出た表と裏の結果に、次のコイン投げが影響を受けないということだよ」

テトラ「質問ばかりですみません。確率分布というのは何ですか。確率、確率変数、確率分布と似ている用語ばかりなので……すみません」

ミルカ「試行を行うと根元事象のどれかが起きる。起きた根元事象に対して確率変数の値が決まる。では、確率変数がその値を取る確率はどれだけだろうか。確率変数の値ごとに確率がどのように分布しているかを表したものが確率分布。二項分布のグラフを見ればわかりやすい」

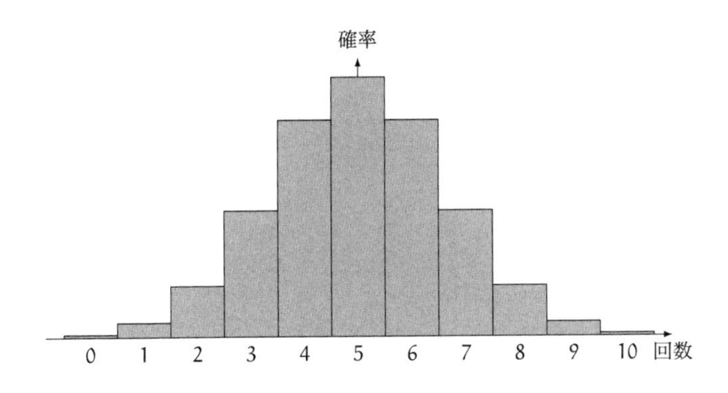

フェアなコインを 10 回投げたときの確率分布
二項分布 $B(10, \frac{1}{2})$

ミルカ「これは二項分布 $B(10, \frac{1}{2})$ の確率分布。二項分布はコイン投げの回数 n と確率 p を使って、

$$B(n, p)$$

と表すことがある。横軸は、確率変数が取る個々の値。コイン投げでいえば表が出る回数」

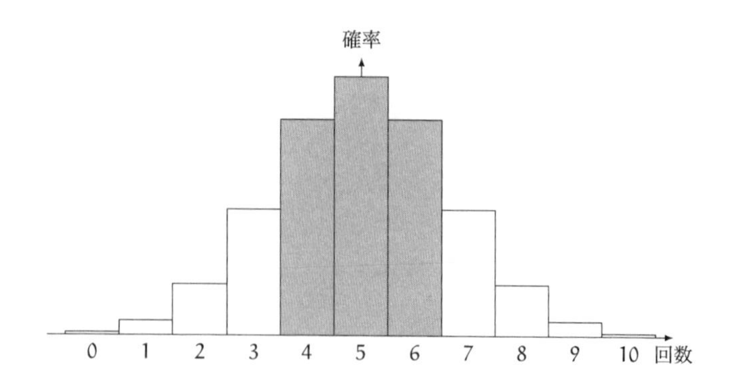

フェアなコインを 10 回投げたとき、
表が出る回数が 4, 5, 6 のいずれかになる確率

ミルカ「たとえば《表が出る回数が 4, 5, 6 のいずれかになる確率》はここの確率の和になる」

テトラ「あっ、パスカルの三角形ですね！ 10 個から k 個選ぶ組み合わせの数 $\binom{10}{k}$ になりますから」

k	0	1	2	3	4	5	6	7	8	9	10
$\binom{10}{k}$	1	10	45	120	210	252	210	120	45	10	1

組み合わせの数

ミルカ「それは場合の数。二項分布は確率分布だから、確率の総和は 1 になる必要がある。だから、$2^{10} = 1024$ で割らなくては」

k	0	1	2	3	4	5	6	7	8	9	10
$\frac{\binom{10}{k}}{2^{10}}$	$\frac{1}{1024}$	$\frac{10}{1024}$	$\frac{45}{1024}$	$\frac{120}{1024}$	$\frac{210}{1024}$	$\frac{252}{1024}$	$\frac{210}{1024}$	$\frac{120}{1024}$	$\frac{45}{1024}$	$\frac{10}{1024}$	$\frac{1}{1024}$

二項分布 $\mathrm{B}(10, \frac{1}{2})$

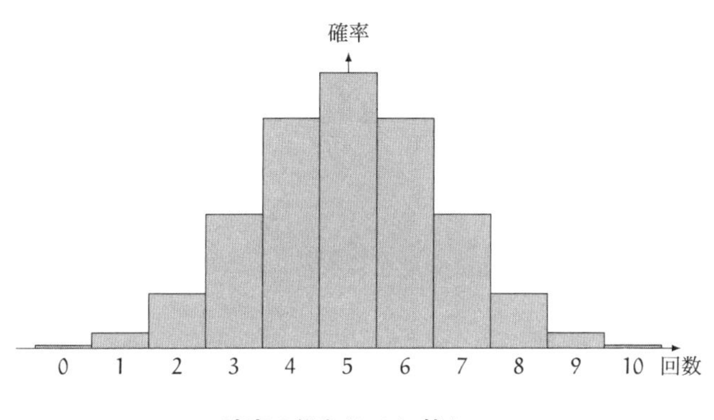

確率の総和は 1 に等しい

ミルカ「確率分布はこのように《確率変数がそれぞれの値を取る確率》が、どのように分布しているかを表している」

テトラ「なるほど……」

ミルカ「二項分布以外にも、確率分布はいろいろある。たとえば、どの根元事象も同じ確率で起きる**一様分布**(いちようぶんぷ)。《フェアなサイコロを 1 回投げる》という試行を考えると、《⚀(1) が出る》〜《⚅(6) が出る》の 6 種類の根元事象がある。サイコロの目を表す確率変数を考えると、どの値を取る確率も $\frac{1}{6}$ になる。これは一様分布だ」

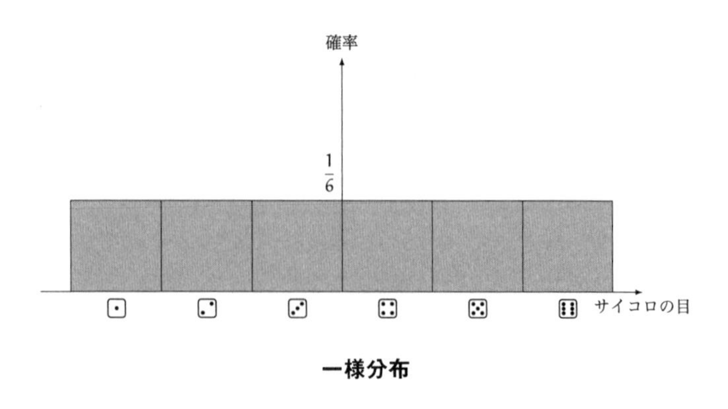

一様分布

ミルカ「二項分布の n を大きくしていき、$n \to \infty$ の極限を取ると**正規分布**という確率分布になる」

テトラ「正規分布……」

ミルカ「二項分布の n を大きくするというのは、コイン投げの回数を多くすることに相当する。表が何回出たかを調べるのは、表が出たコインの総和を調べているわけだ。そう考えると、さまざまな現象の統計量が正規分布で近似できる理由も想像できる。多数の要因をコイン投げと見なし、その要因の総和によって私たちが目にする現象が起きていると考えるのは、単純な数理モデルの一つといえる」

テトラ「……」

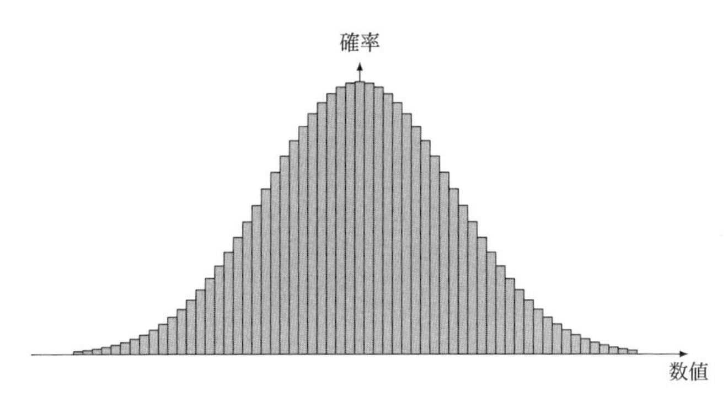

二項分布の n を大きくした

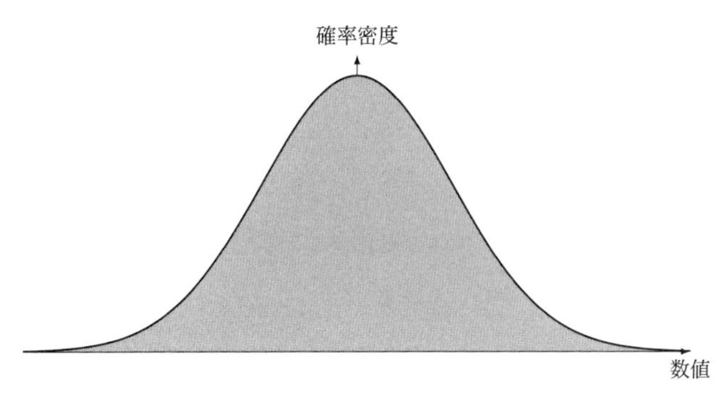

正規分布

ミルカ「二項分布は離散的な確率分布だから、確率は総和（$\sum$）で得られる。正規分布は連続な確率分布だから縦軸は確率密度になり、確率は積分（$\int$）の計算で得られる」

5.4　コインは本当にフェアか

テトラ「コイン投げだけで、いろんなことが考えられるんですね」

ミルカ「コイン投げを考えていると、素朴だけれど重要な疑問が浮かぶ。**《コインは本当にフェアなのか》**——つまり、コインの表が出る確率は $\frac{1}{2}$ なのだろうかという疑問だ」

ミルカさんはそう言って、眼鏡を指でくっと上げる。

テトラ「たとえば、あたしたちの持っている百円玉はフェアなコインじゃないんでしょうか」

ミルカ「表が出る確率は $\frac{1}{2}$ といえる？」

テトラ「だと思うんですが、たぶん。だって、重さに偏（かたよ）りがあるわけでもないですし」

僕「まあ、偏りは多少あるかもね。表面はでこぼこしているし」

テトラ「それなら、表と裏をつるつるに磨いたコインを作れば！そうすれば、偏りはなくなりますよね」

ミルカ「表裏を完全に同じにするという意味？」

テトラ「はい、そうです」

ミルカ「ならば、そのコインを投げても表か裏か判別できないな」

テトラ「あ……」

ミルカ「物理的なコインを一つ持ってきて、『このコインはフェアである』と主張しても、それを数学的に直接証明することはできない」

僕「ええと……」

テトラ「そうなんでしょうか……」

ミルカ「数学はいつでもそうだ。物理的な性質や、社会的な現象に対して、数学が直接的な証明を与えることはない。数学はただ、数理モデルをどう扱うべきかを教えてくれるだけだ。私たちはコイン投げを扱っているようで、実はコイン投げを扱っているわけではない。私たちはコイン投げの数理モデルを扱っているのだ。コイン投げに限らない。何らかの現象を《確率 p で起きることを n 回繰り返した結果》のように数理モデル化して扱う。そして、前提条件を整え、数理モデル化された現象に対してなら、数学的にいえることはある」

テトラ「む、難しいですね」

僕「具体的に考えようよ。たとえば？」

ミルカ「ふむ。たとえば——」

> コインを 10 回投げたとき、**すべて裏**が出た。
> このコインはフェアだといえるか。

テトラ「すべて裏になる確率は $\frac{1}{1024}$ ですね……フェアならば」

僕「コインを 10 回投げてすべて裏が出るなんて、すごく珍しい話だよね。この場合、フェアなコインだとはいいにくいんじゃない？」

テトラ「でも、確率は0ではありませんよ。確率が0ではないんですから、起こることもありますよね？」

その瞬間、ミルカさんは指を鳴らす。

ミルカ「そこだ。フェアなコインを10回投げて《すべてが裏になる》という確率は、確かに0じゃない。しかし《確率が0じゃないから起こることもある》とだけ主張するのは、もったいない」

テトラ「もったいない？」

ミルカ「私たちは《確率は0じゃない》よりも多くの情報を持っているからだ。《確率は $\frac{1}{1024}$ である》という情報を」

僕「なるほど？」

ミルカ「確率が0じゃないなら、起こってもおかしくない——といいたくなる気持ちはわかる。しかし、もっと意味があることはいえないか。ここで、話を整理しよう」

- 投げたコインはフェアであると仮定する。
- 10回投げたら、すべて裏が出た。
- すなわち《表が出る回数》は0回だった。
- 《フェアなコインである》と仮定するなら、
《表が出る回数》がこれほど少ないという珍しい事象は、
確率 $\frac{1}{1024}$ でしか起きない。
- 投げたコインは本当にフェアだといえるのか。

僕「フェアとはいいにくいけれど、フェアの可能性もあるね」

テトラ「コインがフェアであるか否かは、二つに一つです」

- このコインはフェアである。
- このコインはフェアではない。

ミルカ「そこにこだわりすぎるのは《ゼロ・イチの呪(のろ)い》だ」

テトラ「の、呪い？」

ミルカ「ゼロかイチか、シロかクロか、フェアか否か……たとえ《二つに一つ》だからといっても、断定ができない場合にまで、どちらかに決めたがるのはあやうい」

僕「呪いは大げさだなあ……」

ミルカ「《確率は $\frac{1}{1024}$ である》という情報があるのだから、それを有効に使おう。たとえば、こんな主張の仕方がある」

- このコインはフェアである——
  という主張が正しいなら、
  確率 1% 以下という《驚くべきこと》が起きた。

僕「確率 1% という《驚くべきこと》が起きたんだから、《コインはフェアである》という主張は 99% 誤りであるということ？」

ミルカ「いや、主張が誤っている確率を述べているわけでは**ない**。《コインはフェアである》という主張が正しいと仮定したなら、どれだけ《驚くべきこと》が起きているかを確率的に表したということ」

テトラ「《コインがフェアである》という主張が正しい確率は 1% しかないということでしょうか」

ミルカ「いや、そうではない。主張が正しい確率について述べているのでも**ない**。主張に対する真偽の確率については何も述べていない。あくまで《コインがフェアである》という仮定のもとで、起きたことの確率を考えているにすぎない。もちろんそれによって、その仮定の怪しさを把握しようとしているわけではあるけれど」

僕「なまじっか1%なんて数字が出てくるから勘違いしそうだなあ」

ミルカ「もちろん、1%は一つの例にすぎない」

テトラ「それにしても……ずいぶん微妙な話ですね」

ミルカ「だから、手順が決まっている。それが**仮説検定**（かせつけんてい）だ」

5.5　仮説検定

ミルカ「仮説検定の手順はこうだ」

仮説検定の手順

1. **帰無仮説**と**対立仮説**を立てる。
2. **検定統計量**を定める。
3. **危険率（有意水準）**と**棄却域**を定める。
4. 検定統計量は棄却域に入ったか？
   - 入ったなら、帰無仮説は**棄却される**。
   - 入らなかったなら、帰無仮説は**棄却されない**。

テトラ「またまた新しい言葉が……帰無仮説とは何でしょう」

ミルカ「私たちはいま、コインがフェアかどうかに関心がある。だから、たとえば《コインはフェアである》を帰無仮説にすることになる。帰無仮説は、仮説検定で最初に仮定する仮説だ。危険率によって棄却され、無に帰するはずの仮説」

テトラ「なるほど、証明したいことを帰無仮説にするんですね」

ミルカ「いや、違う。仮説検定は《帰無仮説を棄却する》という点が鍵になる。棄却というのは捨て去るという意味。私たちは《コインはフェアである》という帰無仮説を立てて、それを捨て去ることができるかを調べる。その意味では、証明したいことの否定を帰無仮説にするといえる。そして、証明したいことのほうは**対立仮説**と呼ぶ。たとえば《コインはフェアではない》という対立仮説を立てることができる」

僕「まるで、確率的な背理法だね」

テトラ「帰無仮説を棄却する、というのがまだわかりません……」

ミルカ「帰無仮説を棄却するのは、検定統計量が驚くべき値になったとき。帰無仮説を棄却する検定統計量の領域を**棄却域**という。帰無仮説を正しいと仮定したら、とてつもなく驚くべきことが起こってしまったといえるならば、もともとの帰無仮説は疑わしいのではないか——それが仮説検定の考え方だ。棄却域というのは《驚くべき値とは何か》を具体的に示した領域になる。棄却域は、**危険率**という確率を使って表現する。危険率は**有意水準**ともいう」

テトラ「まだ、よく、わかりません。たとえば……？」

ミルカ「帰無仮説が《コインがフェアである》で、検定統計量が《表が出た回数》だとしよう。《コインがフェアである》という帰無仮説を仮定するならば、《表が出た回数》がとても少なかったり、とても多かったりしたら、驚くべきことが起きたといえる」

テトラ「それは、そうですね」

ミルカ「たとえば、危険率を 1% としよう。コインを 10 回投げる二項分布で、《コインがフェアである》と仮定したときに 1% 以下という小さい確率で起きる《驚くべきこと》とは、何だろう。その《驚くべきこと》を、検定統計量である《表が出た回数》で表現したものが棄却域だ」

僕「うん、そうか。二項分布の確率分布でいえば《コインがフェアである》ときに起きる《驚くべきこと》というのは、両端部分にあたるんだね。《すべてが裏になる》確率と《すべてが表になる》確率はどちらも $\frac{1}{1024}$ で、合わせると $\frac{2}{1024} = 0.001953125$ で約 0.2% になる。これは 1% よりも小さい確率で起きる《驚くべきこと》じゃない？」

<table>
<tr><td>k</td><td>0</td><td>1</td><td>2</td><td>3</td><td>4</td><td>5</td><td>6</td><td>7</td><td>8</td><td>9</td><td>10</td></tr>
<tr><td>$\Pr(X = k)$</td><td>$\frac{1}{1024}$</td><td>$\frac{10}{1024}$</td><td>$\frac{45}{1024}$</td><td>$\frac{120}{1024}$</td><td>$\frac{210}{1024}$</td><td>$\frac{252}{1024}$</td><td>$\frac{210}{1024}$</td><td>$\frac{120}{1024}$</td><td>$\frac{45}{1024}$</td><td>$\frac{10}{1024}$</td><td>$\frac{1}{1024}$</td></tr>
<tr><td>$\Pr(X = 5)$</td><td colspan="5"></td><td>24.6%</td><td colspan="5"></td></tr>
<tr><td>$\Pr(4 \leqq X \leqq 6)$</td><td colspan="4"></td><td colspan="3">65.6%</td><td colspan="4"></td></tr>
<tr><td>$\Pr(3 \leqq X \leqq 7)$</td><td colspan="3"></td><td colspan="5">89.0%</td><td colspan="3"></td></tr>
<tr><td>$\Pr(2 \leqq X \leqq 8)$</td><td colspan="2"></td><td colspan="7">97.9%</td><td colspan="2"></td></tr>
<tr><td>$\Pr(1 \leqq X \leqq 9)$</td><td></td><td colspan="9">99.8%</td><td></td></tr>
<tr><td>$\Pr(0 \leqq X \leqq 10)$</td><td colspan="11">100%</td></tr>
</table>

フェアなコインを 10 回投げたときに
《表が出る回数》の確率（小数第 2 位を四捨五入）

ミルカ「この表から考えると、たとえば、危険率が 1% の場合の棄却域と、危険率が 5% の棄却域はここになる」

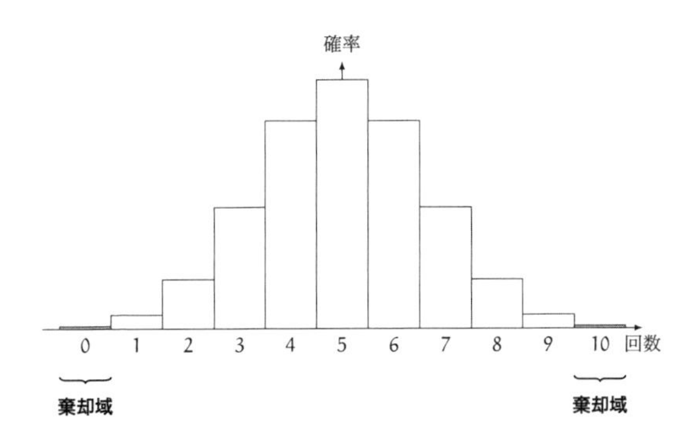

危険率が 1% の棄却域

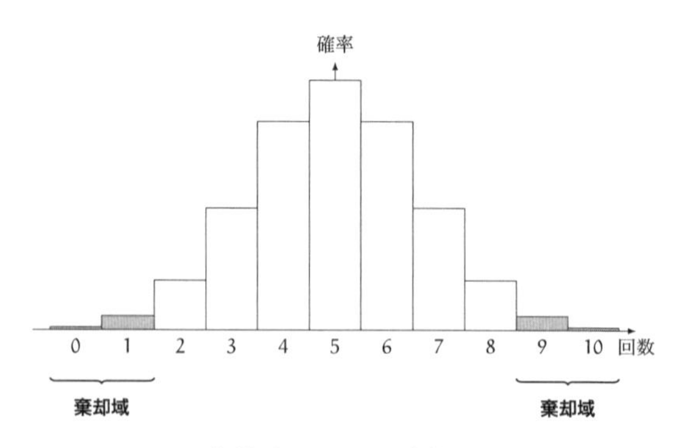

危険率が 5% の棄却域

ミルカ「では、コインを 10 回投げたとき、《すべてが裏になった》場合を使って仮説検定を考えてみよう」

1. **帰無仮説**(きむ)と**対立仮説**を立てる。

   帰無仮説：《コインはフェアである》

   対立仮説：《コインはフェアではない》

2. **検定統計量**を定める。

   検定統計量：《表が出る回数》

3. **危険率**と**棄却域**(ききゃくいき)を定める。

   危険率：1%

   棄却域：《表が出る回数》が 0 回または 10 回

4. 検定統計量は棄却域に入ったか？

   10 回投げたコインはすべて裏が出た。

   《表が出る回数》は 0 回で、棄却域に入った。よって、

   《コインはフェアである》という帰無仮説は、

   危険率 1% で棄却された。

僕「なるほど」

ミルカ「最後の、

　　《コインはフェアである》という帰無仮説は、
　　危険率 1% で棄却された。

という表現によって、

　　《コインはフェアである》——
　　という主張が正しいなら、
　　確率 1% 以下という《驚くべきこと》が起きた。

と主張できたことになる。このことを、

　　《コインがフェアでない》ことは、
　　1% 水準で統計的に有意である。

と表現することもある。危険率は**有意水準**（ゆうい）ともいう」

テトラ「……わかってきました。帰無仮説を仮定したとき、《驚くべきこと》が起きたといえるかどうかを調べているのですね。この**危険率**というのは、何が危険なんですか？」

ミルカ「誤りを犯すことを危険と表現している」

僕「いまは、すべて裏が出たから棄却されたけど、棄却されない場合だってあるよね」

ミルカ「もちろん。たとえば、コインを 10 回投げて、**表がちょうど 1 回出た**場合、危険率 1% の棄却域である《表が 0 回または表が 10 回出る》という棄却域には入らない。したがって、表がちょうど 1 回出た場合、《コインがフェアである》という帰無仮説は、危険率 1% では棄却されない」

テトラ「確かに、10 回投げて《すべて裏が出た》よりも、《1 回表が出た》ほうがフェアに近いように感じます」

僕「10 回投げて 1 回表が出た場合には、《コインはフェアである》という帰無仮説は危険率 1% で棄却されない、ということだね」

ミルカ「そういうこと。ここで非常に注意すべき点が一つある。帰無仮説に対して《棄却されない》からといって、その帰無仮説が《採択される》わけではない」

○ 帰無仮説は棄却されない。
× 帰無仮説は採択される。

テトラ「棄却されないなら、採択される……わけではないんですか？　だって《コインはフェアである》という帰無仮説が棄却されないというのは、その帰無仮説を捨てられないわけですよね。だったら《コインはフェアである》といえるのではないでしょうか」

ミルカ「いや、それは違う。あくまで《コインはフェアである》という帰無仮説が**棄却されない**だけであって、《コインはフェアである》と主張できるわけではない。《帰無仮説は採択される》という表現は、どんなときも使わない」

テトラ「どうしてですか」

ミルカ「なぜなら、棄却されないというのは、《コインがフェアである》という仮定のもとで、《驚くべきこと》が起きたわけではない、というだけのことだから。《コインがフェアである》と仮定して驚くべきことが見つかっていないだけであって、帰無仮説を支持する積極的な証拠が得られたわけではないのだ」

僕「そうか、背理法でいえば矛盾が見つかっていない状態なんだから、それだけじゃ、何もいえてないんだ」

ミルカ「手元の証拠は有罪の立証に使えなかった。だから、有罪とはいえない。しかし、だからといって無罪が立証できたわけではない。無罪とも有罪ともいえない状態が続いている。帰無仮説が棄却されないというのは、それに似ている」

テトラ「ははあ……」

テトラちゃんは、仮説検定の手順をもう一度振り返る。

テトラ「《コインを 10 回投げて、表が 1 回だけ出た》場合、《コインはフェアである》という帰無仮説は、危険率 1% では棄却されません。でも、同じ帰無仮説でも、危険率がもっと大きかったら棄却されますよね」

ミルカ「その通り。危険率としては 1% や 5% が慣習としてよく使われる。《コインはフェアである》という帰無仮説は、1% の危険率では棄却されないが、5% の危険率では棄却される」

テトラ「でも、それは……おかしくありませんか。コインがフェアかどうかというのは二つに一つで、事実はどちらかですよね。それなのに、棄却されたりされなかったりするというのは、何だか変な感じがします」

ミルカ「それもまた《ゼロ・イチの呪い》だよ、テトラ。帰無仮説が棄却されるか否かで、コインがフェアか否かが決定してしまうわけではない。仮説検定の危険率は、あくまで帰無仮説を棄却できる棄却域の大きさを定めているにすぎない。現在見ていることからどんな結論を出すか。それは問題の社会的重要度で変わる。《帰無仮説が正しいのに棄却してしまう》という誤りの可能性をどれだけ減らしたいかによる。危険率を小さくすれば誤りの可能性は減る」

テトラ「だったら、危険率をとても小さくしておけば《安全》ですよね？」

ミルカ「そういう考え方はある。しかし、危険率を小さくすればするほど、得られたデータからいえることは減ってしまう。危険率を極端に小さくしてしまうと、何が起ころうとも帰無仮説は棄却できなくなる。帰無仮説が棄却できなければ、仮説検定では何も主張できない。確かに帰無仮説が正しいのに棄却するという誤りは防げる。誤りが防げて《安全》ではある。しかし、それでいいのだろうか」

テトラ「……難しいですね」

僕「この仮説検定の話は、標準偏差の《驚きの度合い》の話と似ているなあ。だって、驚くべきことが起きたかどうかを利用するわけだから。帰無仮説を仮定したときにものすごく驚くべきことが起きたなら、危険率が小さなときでも棄却される。標準偏差という概念は重要なんだなあ……」

5.6　チェビシェフの不等式

ミルカ「標準偏差は非常に有効だ。たとえば、100人の受験者がいたとしよう。もしも得点の分布が正規分布で近似できるなら、得点 x が $\mu - 2\sigma < x < \mu + 2\sigma$ を満たす人は約96人になる」

僕「《34, 14, 2》から約96%と計算できるからだね*」

ミルカ「しかし、たとえ得点の分布がまったくわからなくても、標準偏差は有効だ。たとえば、いかなる分布であろうとも、得点 x が、

$$\mu - 2\sigma < x < \mu + 2\sigma$$

を満たす受験者は、必ず75人より多い。平均 μ と標準偏差 σ がわかっていれば、それがいえる」

テトラ「そうなんですね」

僕「ミルカさんにしては珍しいなあ。こんなところで《必ず》なんて言葉を使うなんて」

ミルカ「私が必ずといったら、必ずだよ。経験則ではないし、正規分布に限った話ではない。おおよそでもない。いかなる分布でも、得点 x が、

$$\mu - 2\sigma < x < \mu + 2\sigma$$

を満たす人の割合は、必ず75%より多い」

---

* 問題3-4②参照（p. 142）。

テトラ「75%……」

ミルカ「言い換えるなら、いかなる分布でも、

$$\mu - 2\sigma < x < \mu + 2\sigma$$

を**満たさない**数値 x の割合は、必ず 25% 以下に押さえられる。これは**チェビシェフの不等式**という定理からいえる。定理だから証明できる。2σ 以上も平均から外れた数値の割合は、必ず 25% 以下になるのだ」

テトラ「25%……その 25 という数はどこから来たんでしょう」

ミルカ「$\frac{1}{2^2} = \frac{1}{4} = 0.25$ から来ている。$\frac{1}{2^2}$ の 2 は、2σ の 2 だ。

チェビシェフの不等式はこうなる」

チェビシェフの不等式

いかなる分布でも、

$$\mu - K\sigma < x < \mu + K\sigma$$

を**満たさない**数値 x の割合は、$\frac{1}{K^2}$ 以下である。

ただし μ は平均、σ は標準偏差、K は正の定数である。

僕「本当にこんなことが分布によらず成り立つの？」

ミルカ「成り立つ。しかも K は任意の正の定数だ。こう言い換えてもいい」

チェビシェフの不等式（言い換え）
いかなる分布でも、

$$\left|x - \mu\right| \geqq K\sigma$$

を満たす数値 x の割合は、$\frac{1}{K^2}$ 以下である。
ただし μ は平均、σ は標準偏差、K は正の定数である。

テトラ「はあ……」

僕「こんなこと、本当に証明できるのかなあ」

ミルカ「できる。分散の定義からすぐだ。証明しよう」

テトラ「で、できれば具体的に……」

チェビシェフの不等式（$K = 2$ の例）
受験者が 100 人いるとき、得点 x が、

$$\left|x - \mu\right| \geqq 2\sigma$$

を満たす人は、必ず 25 人以下である。
ただし、μ は平均、σ は標準偏差である。

ミルカ「人数は 100 人、得点を $x_1, x_2, \ldots, x_{100}$ として、まず、平均 μ と分散 σ^2 を求めよう」

テトラ「はい」

ミルカ「計算するのはテトラ」

テトラ「はい?!……はい。定義通り計算します」

平均 μ

$$\mu = \frac{x_1 + x_2 + \cdots + x_{100}}{100}$$

分散 σ^2

$$\sigma^2 = \frac{(x_1 - \mu)^2 + (x_2 - \mu)^2 + \cdots + (x_{100} - \mu)^2}{100}$$

ミルカ「分散 σ^2 はこう書いてもいい」

分散 σ^2（書き換え）

$$\sigma^2 = \frac{(x_1 - \mu)^2}{100} + \frac{(x_2 - \mu)^2}{100} + \cdots + \frac{(x_{100} - \mu)^2}{100}$$

僕「和の形にしたんだね」

ミルカ「ところで、いま関心があるのは $x = x_1, x_2, \ldots, x_{100}$ のうち、得点 x が、

$$\left| x - \mu \right| \geqq 2\sigma \qquad \cdots\cdots（条件 \heartsuit）$$

を満たす人だ。つまり得点が平均 μ よりも 2σ 以上離れている人。この条件 ♡ を満たす人は何人いるだろう」

僕「それを調べたいんじゃないの？」

テトラ「わかりません……」

ミルカ「条件 ♡ を m 人が満たすとするなら、$m \leqq 100$ だ」

僕「そりゃそうだ。総人数が 100 人なんだから、それ以下だね」

ミルカ「計算の都合上、条件 ♡ を満たす m 人に小さい番号を割り当てることにする。つまり、

$$\underbrace{x_1, x_2, \ldots, x_m}_{\text{条件 ♡ を満たす}}, \underbrace{x_{m+1}, \ldots, x_{100}}_{\text{条件 ♡ を満たさない}}$$

のように並べる」

テトラ「はい……そうすると、何が起こるんでしょう」

ミルカ「あとは分散の定義から計算していく。和の各項が 0 以上だから項の数を減らせば $\geqq$ になることに注意」

$$\begin{aligned}
\sigma^2 &= \frac{(x_1-\mu)^2}{100} + \cdots + \frac{(x_m-\mu)^2}{100} + \frac{(x_{m+1}-\mu)^2}{100} + \cdots + \frac{(x_{100}-\mu)^2}{100} \\
&\geqq \frac{(x_1-\mu)^2}{100} + \cdots + \frac{(x_m-\mu)^2}{100} && \text{条件 ♡ を満たさない項を捨てた} \\
&= \frac{|x_1-\mu|^2}{100} + \cdots + \frac{|x_m-\mu|^2}{100} && (x_k-\mu)^2 = |x_k-\mu|^2 \text{ だから}
\end{aligned}$$

ミルカ「ところで、$1 \leqq k \leqq m$ のとき、条件 ♡ から、$|x_k-\mu| \geqq 2\sigma$ なので、$|x_k-\mu|^2 \geqq (2\sigma)^2$ がいえる。よって……」

$$
\begin{aligned}
\sigma^2 &\geqq \frac{|x_1-\mu|^2}{100}+\cdots+\frac{|x_m-\mu|^2}{100} && \text{前の式から}\\
&\geqq \underbrace{\frac{(2\sigma)^2}{100}+\cdots+\frac{(2\sigma)^2}{100}}_{m\ 個} && \text{条件 ♡ から}\\
&= m\times\frac{(2\sigma)^2}{100} && \text{同じ項が } m \text{ 個だから}\\
&= \frac{4m\sigma^2}{100} && \text{カッコを外して計算した}
\end{aligned}
$$

僕「おおっ！」

テトラ「ああ……」

ミルカ「あとは整理すればいい」

$$
\begin{aligned}
\sigma^2 &\geqq \frac{4m\sigma^2}{100} && \text{上の式から}\\
100 &\geqq 4m && \text{両辺に } \frac{100}{\sigma^2} \text{ を掛ける}\\
25 &\geqq m && \text{両辺を 4 で割る}\\
m &\leqq 25 && \text{両辺を交換する}
\end{aligned}
$$

テトラ「25 人以下ですね……」

僕「条件 ♡ を満たさない項をどさっと捨てる証明か……」

ミルカ「一般化して、総人数を n とし、2σ の代わりに $K\sigma$ で考えるとチェビシェフの不等式になる」

僕「うーん、なるほど……」

ミルカ「正規分布を仮定できる場合、$|x-\mu| \geqq 2\sigma$ を満たす人数は約 4% といえる。しかし、分布がまったくわからない場合

でも、平均と標準偏差がわかれば、$|x-\mu| \geqq K\sigma$ を満たす人数の割合は $\dfrac{1}{K^2}$ 以下であると保証できる。必ず、だ」

テトラ「……」

ミルカ「だから、標準偏差 σ を知る意味は大いにある。平均や期待値だけではなく《標準偏差 σ は？》と問うのは大事なことなのだ」

テトラ「確かにそうですね。$\mu-2\sigma$ から $\mu+2\sigma$ の範囲に、少なくともデータの $\frac{3}{4}$ が含まれていると言い切れるんですから……」

僕「ミルカさん、ちょっと待って。何か変だよ。チェビシェフの不等式はわかったし、標準偏差 σ の重要性もわかったし、《標準偏差 σ は？》と問う姿勢もいいけど——標準偏差 σ が求められるなら、データの数値がすべてわかっているわけじゃないか。数値の分布がわかっているんだから、わざわざチェビシェフの不等式で割合を考えなくてもいいんじゃないのかなあ？」

ミルカ「ふむ。データの数値がすべてわかっていれば、その通りだよ。問題は、データの数値がすべてわかるとは限らないというところにある」

僕「え？」

ミルカ「現実社会で扱う問題の場合、**母集団**が大きいなどの理由で、データのすべての数値は入手できない場合がある。そういうとき、私たちは母集団からいくつかの数値を**無作為抽出**（むさくいちゅうしゅつ）する。ランダムサンプリングだ。抽出して得られるデータを**標本**や**サンプル**と呼ぶ。《母集団の平均や標準偏差》がわからなければ、手元にある標本を使って計算するしかない」

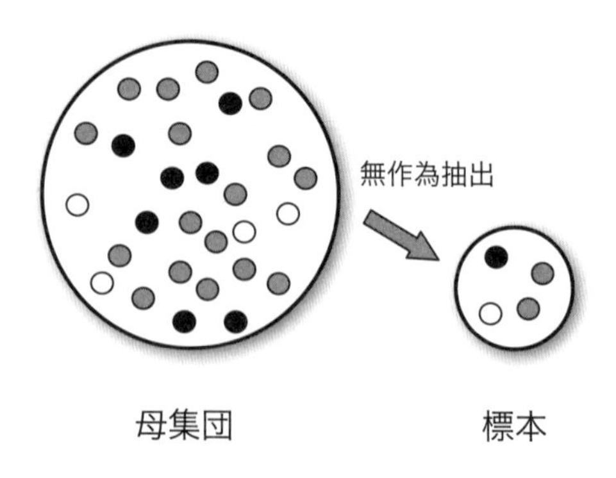

テトラ「標本で代用するということですか？」

ミルカ「そうだ。しかし、話はそこでは終わらない。手元にある標本を使って、母集団の平均や標準偏差などの統計量を推測する試みが可能だからだ。そこでは統計的な**推定**という手法が活躍することになる」

テトラ「手元の武器で、見えない敵を仕留めるんですねっ！」

ミルカ「統計量を見たときには注意が必要だ。たとえば平均と言われたとき、それは《母集団の平均》なのか、《標本の平均》なのか、それとも《標本から推測した母集団の平均》なのかを確かめること」

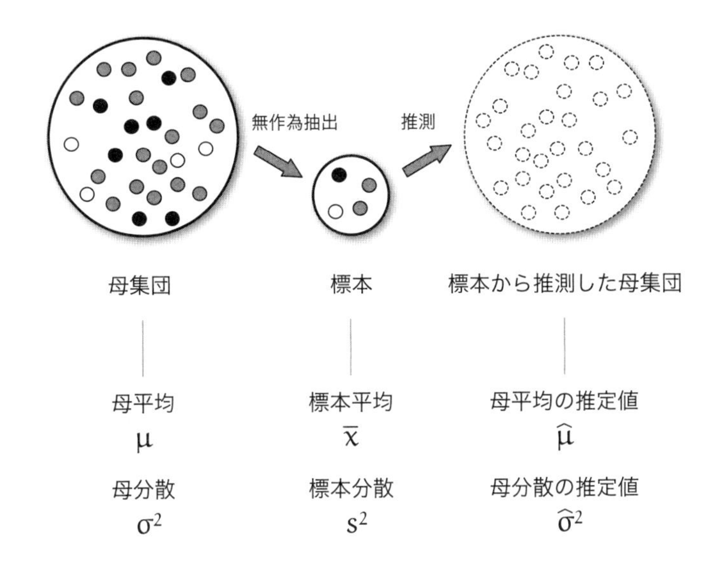

テトラ「はわわ……それはぜんぶ別物なのですか！」

ミルカ「私たちは、データをどう記述するかを考える**記述統計**から、統計量を推測する**推測統計**へ、たったいま視点を移したことになる」

僕「なるほど」

ミルカ「試験の得点に限って考えてみても、データの数値、すなわち得点がすべてわかっているとは限らない。もちろん、試験の実施者にはすべての数値がわかっている。しかし、それが誰にでも公開されているとは限らない。そのときは分布はわからない」

僕「なるほど……手に入るのが標準偏差だけの場合もあるのか」

ミルカ「個々の数値が偏差値として得られる場合もある」

テトラ「偏差値……あっ、そうですね。偏差値なら標準偏差は10だとわかっています！」

僕「ちょっと待ってよ。でも、偏差値の場合は $\mu = 50, \sigma = 10$ だから、$\mu - 2\sigma \sim \mu + 2\sigma$ という範囲は、偏差値では30～70の範囲になる。その範囲に必ず75%がいる——と言われてもうれしくないなあ。そりゃそうだという感じ」

ミルカ「チェビシェフの不等式は分布によらないという部分が強みだからな。弁護するわけではないが、**大数の弱法則**を考えてみよう」

テトラ「大数の弱法則？」

ミルカ「《確率が p である》とはどういうことなのか、その問いに対する一つの答えが標準偏差から得られる」

5.7　大数の弱法則

僕「《確率が p である》とは、どういうことなのか……」

テトラ「確率が $\frac{1}{2}$ なら、2回に1回は表が出る……とか？」

僕「それはちょっと嘘だよね。《2回に1回は表が出る》といっても、2回続けて表の場合もあるし」

テトラ「あっ、そうなんですけれど、2回に1回というのは、平均的な話ということなんです」

ミルカ「その感覚を精密に議論するため、**相対度数**という概念を持ち出そう。《コインを n 回投げる》という試行を考えて、《表が出る回数》を表す確率変数を X とする。そのとき、《相対度数》を表す別の確率変数 Y を、

$$Y = \frac{X}{n}$$

で定義する」

僕「Y は n 回のうち《表が出る割合》だね」

テトラ「はい……それで？」

ミルカ「それで、こんな問題を考える」

問題 1（相対度数）
表が出る確率が p であるコインを n 回投げる。
n 回のうち表の出る回数を表す確率変数を X として、相対度数を表す確率変数 Y を

$$Y = \frac{X}{n}$$

として定義する。このとき、Y の平均 $E[Y]$ と分散 $V[Y]$ を求めよ。
ただし、$E[X] = np, V[X] = np(1-p)$ であることに注意する。

テトラ「$V[X]$ の "V" は……？」

ミルカ「$V[X]$ の“V”は《分散》—“Variance”の頭文字」

テトラちゃんは、すかさずメモを取る。

ミルカ「Y は表が出る相対度数を表す確率変数だ。たとえば、$n = 100$ として《100 回投げたときに 3 回表が出る》という事象に対して、$X = 3$ および $Y = \frac{3}{100}$ といえる」

僕「《期待値の線型性》があるから、$E[Y]$ は一瞬だね」

$$
\begin{aligned}
E[Y] &= E\left[\frac{X}{n}\right] && Y = \tfrac{X}{n} \text{ より} \\
&= \frac{E[X]}{n} && \text{期待値の線型性から定数 } \tfrac{1}{n} \text{ を外に出す} \\
&= \frac{np}{n} && E[X] = np \text{ より} \\
&= p
\end{aligned}
$$

僕「だから、$E[Y] = p$ だ！　……って、これは直感的にもあたりまえだね。だって、《確率 p のコインを n 回投げる》という試行をするんだから。《表が出る割合》が平均的には確率 p に等しいというのはすごく納得だよ」

ミルカ「標準偏差はもっと楽しい」

僕「標準偏差……分散はどうするのかな。$V[Y] = V\left[\frac{X}{n}\right]$ はいいとして」

テトラ「分散の定義から、総和（$\sum$）の計算をするんでしょうか……」

僕「そうだね」

ミルカ「そうかな」

僕「……え？」

ミルカ「分散も期待値だよ」

僕「分散は《偏差の 2 乗》の期待値だけど……おっと！」

テトラ「？」

僕「分散の定義を期待値として表現すれば、めんどうな計算はしなくていいんだね。だって**期待値の線型性**が使えるから！」

$$
\begin{aligned}
\mathrm{V}[Y] &= \mathrm{E}\left[(Y - \mathrm{E}[Y])^2\right] && \text{分散の定義} \\
&= \mathrm{E}\left[\left(\frac{X}{n} - \mathrm{E}\left[\frac{X}{n}\right]\right)^2\right] && Y = \tfrac{X}{n} \text{ より} \\
&= \mathrm{E}\left[\left(\frac{X}{n} - \frac{\mathrm{E}[X]}{n}\right)^2\right] && \text{期待値の線型性} \\
&= \mathrm{E}\left[\frac{(X - \mathrm{E}[X])^2}{n^2}\right] && n^2 \text{ でまとめる} \\
&= \frac{\mathrm{E}\left[(X - \mathrm{E}[X])^2\right]}{n^2} && \text{期待値の線型性} \\
&= \frac{\mathrm{V}[X]}{n^2} && \text{分散の定義}
\end{aligned}
$$

僕「だから、こうだね！」

解答1（相対度数）
表が出る確率が p であるコインを n 回投げる。
n 回のうち表の出る回数を表す確率変数を X として、新たな確率変数 Y を

$$Y = \frac{X}{n}$$

として定義する。このとき、Y の平均 $E[Y]$ と分散 $V[Y]$ は以下の通り。

$$\begin{cases} E[Y] = \dfrac{E[X]}{n} = \dfrac{np}{n} = p \\ V[Y] = \dfrac{V[X]}{n^2} = \dfrac{np(1-p)}{n^2} = \dfrac{p(1-p)}{n} \end{cases}$$

僕「それにしても期待値の線型性は強力だな！ これで相対度数の期待値は p で、分散は $\frac{p(1-p)}{n}$ と出た。標準偏差はルートをとってもちろん $\sqrt{\frac{p(1-p)}{n}}$ だね。うん、満足」

テトラ「で、でも……だから、何なのでしょうか？」

僕「テトラちゃん、納得できない？」

テトラ「いえ、相対度数の標準偏差が $\sqrt{\frac{p(1-p)}{n}}$ になったのはいいのですが……ミルカさんは、どうしてこの問題をおもしろいと思ったんでしょうか」

ミルカ「ふむ。もう一度、式を見よう」

$$\begin{cases} \mathrm{E}[\mathrm{Y}] = p \\ \mathrm{V}[\mathrm{Y}] = \dfrac{p(1-p)}{n} \\ \sqrt{\mathrm{V}[\mathrm{Y}]} = \sqrt{\dfrac{p(1-p)}{n}} \end{cases}$$

ミルカ「$\mathrm{E}[\mathrm{Y}] = p$ だから、相対度数の期待値は p になる。これは《確率が p である》なら《相対度数の期待値が p である》という直感を、計算で再確認しているように見える」

僕「そうだね」

ミルカ「相対度数の標準偏差は $\sqrt{\frac{p(1-p)}{n}}$ になる。ここで、分母の n に注目しよう。n が非常に大きい場合に何が起こるか」

テトラ「標準偏差は非常に小さくなりますね……」

ミルカ「標準偏差は非常に 0 に近くなる」

僕「なるほど！　標準偏差は $\sqrt{\frac{p(1-p)}{n}}$ なんだから、n が大きければ標準偏差は 0 にとても近づく……っていうか、n を大きくすれば標準偏差は**いくらでも 0 に近くできる**んだね！」

ミルカ「そうだ。標準偏差が 0 に近づけば、Y の値の多くは期待値 E[Y] の近くに集まる。確率変数 Y は相対度数、つまり n 回のうち何回表になるかの割合だ。**n が非常に大きければ、期待値である p の近くにほとんどの相対度数が集まることになる**。そのことはチェビシェフの不等式からいえる」

僕「これって、もしかして、とても根本的な話じゃないの？」

ミルカ「そう。これは**大数の弱法則**と呼ばれている。これもまた

《確率が p である》ということに対する私たちの直感の再確認になっている」

僕「うーん……」

僕はこの結果をしばらく考える。

僕「ねえ、ミルカさん。これ、注意深く考えなくちゃ誤解しそうな主張だね。だって、『表が出る確率が p のコインを n 回投げるとき、平均してみれば表が出る割合は p だよ』という主張よりも強いことをいってるんだから」

ミルカ「もちろん」

テトラ「ちょっと待ってください。何ですって？　もう一度……」

僕「あのね、テトラちゃん。『表が出る確率が p のコインを n 回投げるとき、平均してみれば表が出る割合は p だよ』というのは、期待値 $E[Y] = p$ だけからいえることだよね」

テトラ「ははあ、それは……そうですね」

僕「でも、僕たちはさっき、相対度数の標準偏差を求めた。それで、もっと強い主張ができることを、数学的に証明したことになるんだ。『表が出る確率が p のコインを n 回投げるとき、平均してみれば表が出る割合は p だけど、n を大きくしてやれば、表が出る割合は p の近くに集まる』ということ」

テトラ「……」

僕「だって、『平均してみれば表が出る割合が p だ』というだけなら、ものすごくたくさん表が出たり、ものすごくたくさん裏が出て、平均したら表が出る割合は p になることだってあるわけじゃない？ でも、n を大きくすれば、そんなことになる可能性を好きなだけ小さくできるんだよ。だって、標準偏差 $\sqrt{\frac{p(1-p)}{n}}$ では n が分母に来ているから」

ミルカ「これもまた標準偏差が有効に効く、興味深い話だ」

テトラ「あ、あたしはもう少しじっくり考えてみます……」

5.8 大切なエス

ミルカ「平均を理解している人は多い。しかし標準偏差を理解している人は少ない。平均、分散、標準偏差、仮説検定……コンピュータを使えば容易に計算できる。しかし、その計算を行うための前提条件や、計算結果を理解できなかったならば、何の意味もない」

僕「なるほどなあ」

テトラ「標準偏差の σ も《**大切なエス**》ですね」

僕「大切なエスって、何？」

テトラ「総和の計算をする $\sum$（シグマ）は、大文字の“S”に相当するギリシア文字ですよね。積分の計算をする $\int$（インテグラル）は、“S”を伸ばした記号です」

ミルカ「ふむ」

テトラ「そして標準偏差の σ（シグマ）は、小文字の“s”に相当するギリシア文字です。いろんなエスが数学で活躍してます！」

ミルカ「なるほど、確かに」

- 総和の $\sum$
- 積分の $\int$
- 標準偏差の σ

テトラ「標準偏差の σ さんと、もっと《お友達》になりたいです！」

瑞谷女史「下校時間です」

司書の瑞谷（みずたに）先生の宣言で、僕たちの数学トークは一区切り。

標準偏差という一つの概念に、
いったいどれだけの秘密が隠れているんだろう。
σ という一つの文字から、
いったいどれだけの世界が広がるんだろう。

僕たちの興味は尽きることがない。

“表裏が必ず交互に出るコインを、フェアだといえるか。”

参考文献

- グレアム、パタシュニク、クヌース『コンピュータの数学』（共立出版）
- 結城浩『数学ガール／乱択アルゴリズム』（SB クリエイティブ）
- 黒田孝郎、小島順、野崎昭弘、森毅『高等学校の確率・統計』（筑摩書房）
- 小針晛宏『確率・統計入門』（岩波書店）
- 鳥居泰彦『はじめての統計学』（日本経済新聞社）
- 大上丈彦『マンガでわかる統計学』（SB クリエイティブ）

第5章の問題

●問題 5-1（期待値の計算）

フェアなサイコロを 10 回投げる試行を考えます。出た目の合計を表す確率変数を X としたとき、X の期待値 E [X] を求めてください。

（解答は p. 278）

●**問題 5-2**（二項分布）

フェアなコインを 10 回投げたときに表が出る回数の確率分布、すなわち二項分布 $B(10, \frac{1}{2})$ のグラフを以下に示します。

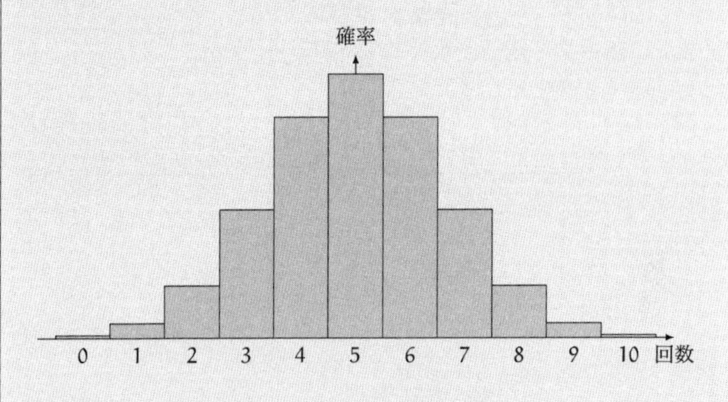

フェアなコインを 10 回投げたときに
表が出る回数の確率分布
二項分布 $B(10, \frac{1}{2})$

それでは、フェアなコインを 5 回投げたときに表が出る回数の確率分布、すなわち二項分布 $B(5, \frac{1}{2})$ のグラフを描いてください。

（解答は p. 279）

●問題 5-3（危険率（有意水準））

第 5 章でテトラちゃんが危険率（有意水準）について質問したとき、ミルカさんは「誤りを犯すことを危険と表現している」と答えました（p. 209）。危険率を高くすると、どのような誤りを犯す可能性が高くなるのでしょうか。

（解答は p. 281）

●問題 5-4（仮説検定）

p. 208 の仮説検定をやろうと考え、《コインがフェアである》という帰無仮説を立ててコインを 10 回投げたところ、

表裏表表裏裏裏表表表

になりました。すると、ある人が次のように主張しました。

主張

「表裏表表裏裏裏表表表」というパターンは、コインを 10 回投げたときに同じ確率で出る 1024 通りのパターンのうち、たった 1 通りしかない。ということは、このパターンが出る確率は $\frac{1}{1024}$ となる。したがって《コインがフェアである》という帰無仮説は、危険率 1% で棄却される。

この主張は正しいですか。

（解答は p. 282）

付録：二項分布の期待値・分散・標準偏差*

二項分布の期待値

表が出る確率が p で、裏が出る確率が q であるコインを考える $(p+q=1)$。コイン投げの各回は独立とする。コインを n 回投げるとき、表が出る回数を表す確率変数を X とすると、X は二項分布 $B(n,p)$ に従う。確率変数 X の期待値 $E[X]$ は、

$$E[X] = \sum_{k=0}^{n} k \cdot \Pr(X=k)$$

である。確率 $\Pr(X=k)$ を明示的に書く。

$$E[X] = \sum_{k=0}^{n} k \cdot \underbrace{\binom{n}{k} p^k q^{n-k}}_{\Pr(X=k)}$$

この右辺は二項定理とよく似ているので、二項定理を使って $E[X]$ を表すことにしよう。二項定理より、x と y に関する以下の恒等式が成り立つ。

$$\sum_{k=0}^{n} \binom{n}{k} x^k y^{n-k} = (x+y)^n$$

期待値と似た式を作るため、**二項定理の両辺を x で微分する**と次式を得る。これは x と y に関する恒等式である。

---

*　小針晛宏『確率・統計入門』を参考にしました。

$$\sum_{k=0}^{n} \binom{n}{k} k \cdot x^{k-1} y^{n-k} = n(x+y)^{n-1}$$

両辺に x を掛けて整理する。

$$\sum_{k=0}^{n} k \cdot \binom{n}{k} x^{k} y^{n-k} = nx(x+y)^{n-1}$$

これは x と y に関する恒等式だから、x に p を代入し、y に q を代入しても成り立つ。

$$\sum_{k=0}^{n} k \cdot \binom{n}{k} p^{k} q^{n-k} = np(p+q)^{n-1}$$

ここで $p + q = 1$ を使うと、

$$\sum_{k=0}^{n} k \cdot \binom{n}{k} p^{k} q^{n-k} = np \qquad \cdots\cdots\cdots\cdots \diamondsuit$$

を得る。これで、$E[X]$ が得られた。

$$\begin{aligned} E[X] &= \sum_{k=0}^{n} k \cdot \Pr(X = k) && \text{期待値の定義より} \\ &= \sum_{k=0}^{n} k \cdot \binom{n}{k} p^{k} q^{n-k} \\ &= np && \diamondsuit \text{ より} \end{aligned}$$

つまり、

$$E[X] = np$$

である。

二項分布の分散と標準偏差

先ほどと同じように、**二項定理の両辺を x で微分する**。

$$\sum_{k=0}^{n} k \cdot \binom{n}{k} x^{k} y^{n-k} = nx(x+y)^{n-1}$$

この**両辺をさらに x で微分する**。

$$\sum_{k=0}^{n} k^2 \cdot \binom{n}{k} x^{k-1} y^{n-k} = n(x+y)^{n-1} + n(n-1)x(x+y)^{n-2}$$

両辺に x を掛ける。

$$\sum_{k=0}^{n} k^2 \cdot \binom{n}{k} x^{k} y^{n-k} = nx(x+y)^{n-1} + n(n-1)x^2(x+y)^{n-2}$$

x に p を代入し、y に q を代入する。

$$\sum_{k=0}^{n} k^2 \cdot \binom{n}{k} p^{k} q^{n-k} = np(p+q)^{n-1} + n(n-1)p^2(p+q)^{n-2}$$

$p+q=1$ を使う。

$$\sum_{k=0}^{n} k^2 \cdot \underbrace{\binom{n}{k} p^{k} q^{n-k}}_{\Pr(X=k)} = np + n(n-1)p^2$$

左辺は k^2 に確率 $\Pr(X=k)$ を掛けた和なので、X^2 の期待値である。よって、次の式が成り立つ。

$$E\left[X^2\right] = np + n(n-1)p^2 \cdots\cdots\cdots\cdots \clubsuit$$

ここで、《分散》=《2 乗の期待値》−《期待値の 2 乗》すなわち、

$$V[X] = E\left[X^2\right] - E[X]^2 \cdots\cdots\cdots\cdots \heartsuit$$

を使って V [X] を求める。

$$\begin{aligned}
V[X] &= E\left[X^2\right] - E[X]^2 && \heartsuit \text{ より} \\
&= E\left[X^2\right] - (np)^2 && E[X] = np \text{ より} \\
&= np + n(n-1)p^2 - (np)^2 && \clubsuit \text{ より} \\
&= np + n(n-1)p^2 - n^2p^2 && \text{カッコを外した} \\
&= np - np^2 && \text{展開して整理した} \\
&= np(1-p) && np \text{ でくくった}
\end{aligned}$$

したがって、標準偏差 σ は、

$$\begin{aligned}
\sigma &= \sqrt{V[X]} \\
&= \sqrt{np(1-p)}
\end{aligned}$$

となる。

以上で、二項分布 B(n, p) の期待値、分散、ならびに標準偏差が求められた。

$$\begin{cases}
\text{期待値} = np \\
\text{分散} = np(1-p) \\
\text{標準偏差} = \sqrt{np(1-p)}
\end{cases}$$

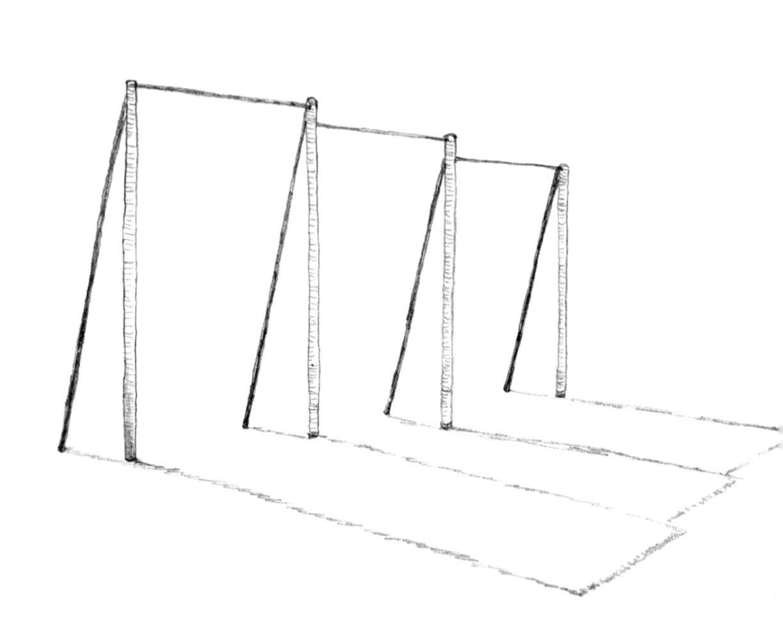

エピローグ

ある日、あるとき。数学資料室にて。

少女「うわあ、いろんなものあるっすね！」

先生「そうだね」

少女「先生、これは何？」

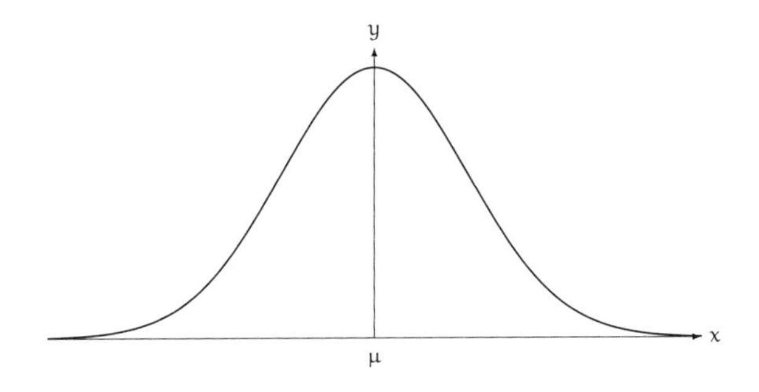

先生「正規分布の確率密度関数のグラフだよ。確率密度関数を $a \leqq x \leqq b$ で積分すると、確率 $\Pr(a \leqq x \leqq b)$ が得られるんだ。面積が確率を表すんだよ」

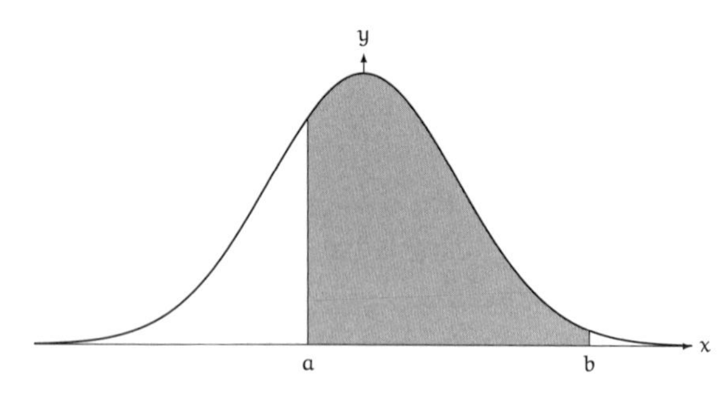

確率 $\Pr(a \leqq x \leqq b)$

少女「正規分布の確率密度関数……」

先生「正規分布 $N(\mu, \sigma^2)$ の確率密度関数は、こんな数式で具体的に書けるんだよ」

正規分布 $N(\mu, \sigma^2)$ の確率密度関数

$$\frac{1}{\sqrt{2\pi}\,\sigma} \exp\left(-\frac{(x-\mu)^2}{2\sigma^2}\right)$$

少女「exp？」

先生「$\exp(\heartsuit)$ は $e^{\heartsuit}$ のこと」

少女「とんでもなくややこしい数式っすね！」

先生「平均 μ はどこにある？」

少女「平均はここにあります、先生」

平均 μ

$$\frac{1}{\sqrt{2\pi}\,\sigma}\exp\left(-\frac{(x-\mu)^2}{2\sigma^2}\right)$$

先生「この数式をよく見ると、$x = \mu$ を対称軸にして左右対称のグラフになることがわかるよ」

少女「それは、x が $(x-\mu)^2$ の中にしか出てこないから？」

先生「そうだね。この式では、偏差の正負は違いを生まないから」

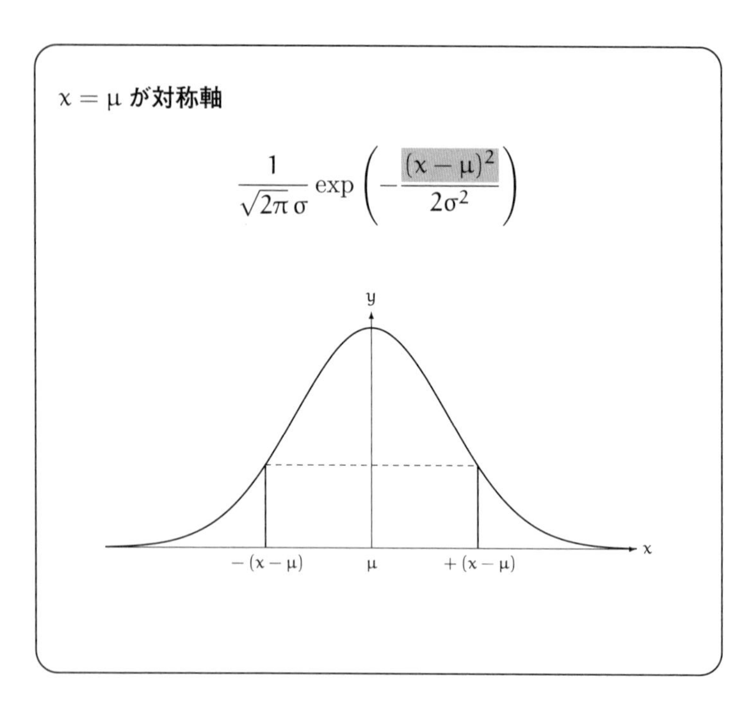

先生「数式をよく見ると、$x \to \infty$ と $x \to -\infty$ で x 軸が漸近線になっていることもわかるよ」

少女「それは、《指数部》$\to -\infty$ になるから？」

先生「そうだね」

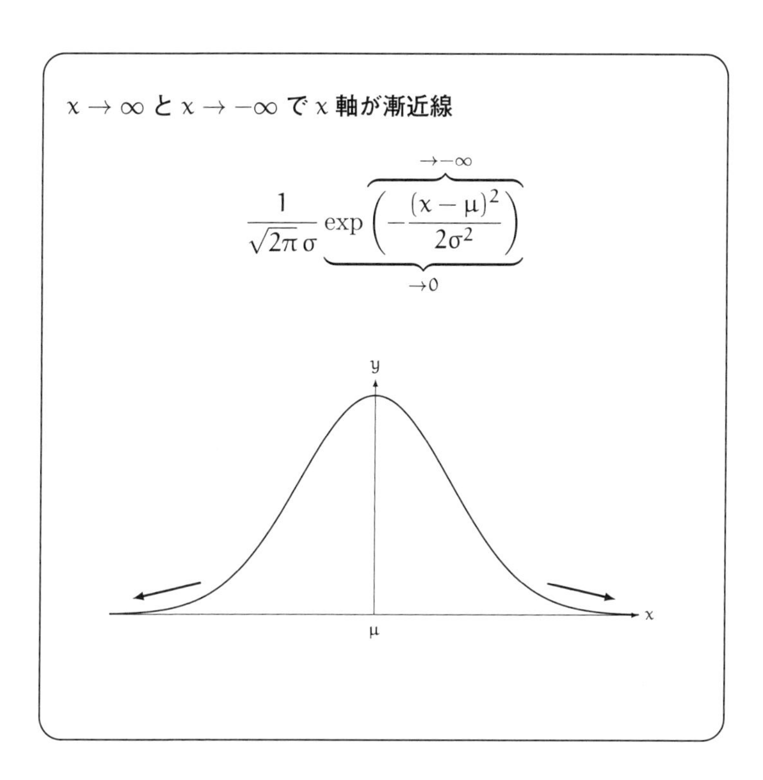

少女「標準偏差がここと、ここにあります」

標準偏差 σ

$$\frac{1}{\sqrt{2\pi}\,\sigma} \exp\left(-\frac{(x-\mu)^2}{2\sigma^2}\right)$$

先生「そうだね」

少女「平均 μ が 0 で標準偏差 σ が 1 ならずっと簡単な数式になりますね」

先生「そうそう。正規分布 $N(0, 1^2)$ は標準正規分布」

標準正規分布 $N(0, 1^2)$ の確率密度関数

$$\frac{1}{\sqrt{2\pi}} \exp\left(-\frac{x^2}{2}\right)$$

少女「係数の $\sqrt{2\pi}$ は消せないんでしょうか」

先生「$-\infty$ から ∞ までの積分が 1 になることから来てる係数だから消せないよ。起こりうる何かが起きる確率は 1 になる」

$$\int_{-\infty}^{\infty} \frac{1}{\sqrt{2\pi}} \exp\left(-\frac{x^2}{2}\right) dx = 1$$

先生「グラフからもわかるけれど、微分して調べれば $x = \mu$ で極大値を取ることがいえる。ここでは最大値にもなっている。微分を使えば《変化をとらえる》ことができるんだよ」

少女「先生、二階微分したら？」

先生「え？」

少女「$\mu \pm \sigma$ で《上に凸》と《下に凸》が変化してるみたい」

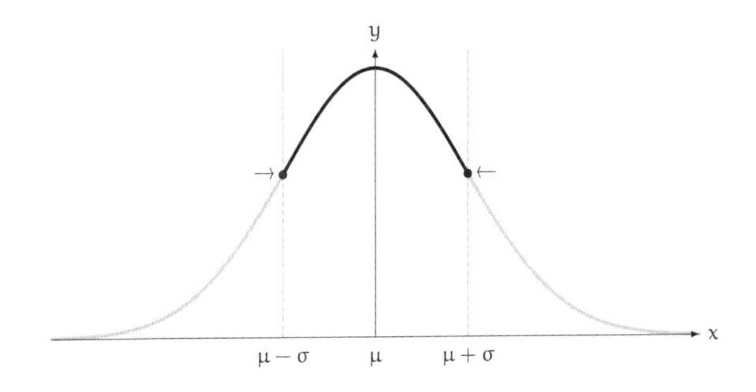

先生「ああ、そうだね。$x = \mu \pm \sigma$ に変曲点があるよ」

少女「二階微分は《変化の変化をとらえる》んですね！」

少女はそう言って「くふふっ」と笑った。

【解答】

A N S W E R S

第1章の解答

●問題 1-1（棒グラフを読む）

ある人が、製品Aと製品Bの性能を比較したものとして、以下の棒グラフを描きました。

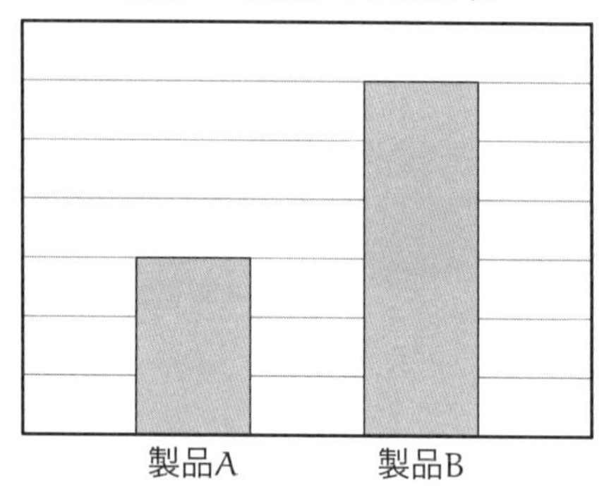

この棒グラフから「製品Aよりも製品Bのほうが性能がいい」といえますか。

■解答 1-1

この棒グラフには、縦軸が何を表しているのか書かれていませんし、目盛りも書かれていません。ですから、棒が長い製品Bのほうが性能がいいとはいえません。

補足

棒が長いほど性能がいいとはいえない例を示します。

コンピュータプログラム2種類（製品Aと製品B）のスピードを比較するとしましょう。

以下のグラフ①では、与えられた計算を終了するまでの時間を測定しました。製品Aは15秒で計算を終了し、製品Bは30秒で計算を終了しました。この場合、製品Bのほうが長い棒グラフになりますが、それは長い時間がかかったということなので、「性能がいい」とはいえないことになります。

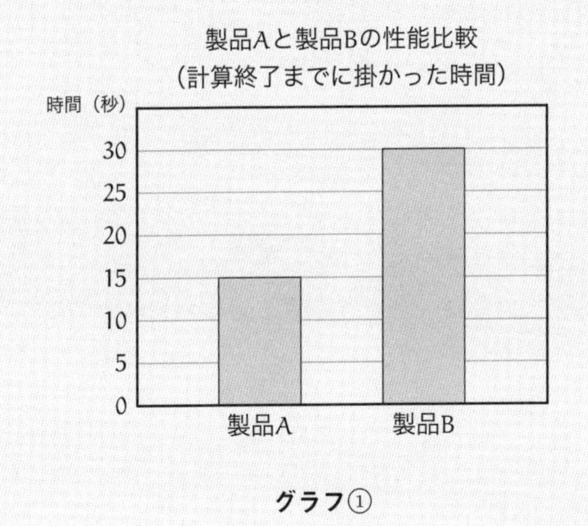

グラフ①

次ページのグラフ②では、決まった時間で何個の計算問題を実行できたかを測定しました。製品Aは1500個の問題を実行し、製品Bは3000個の問題を実行しました。この場合、製品Bのほうが多くの問題を計算でき、「性能がいい」ことになります。

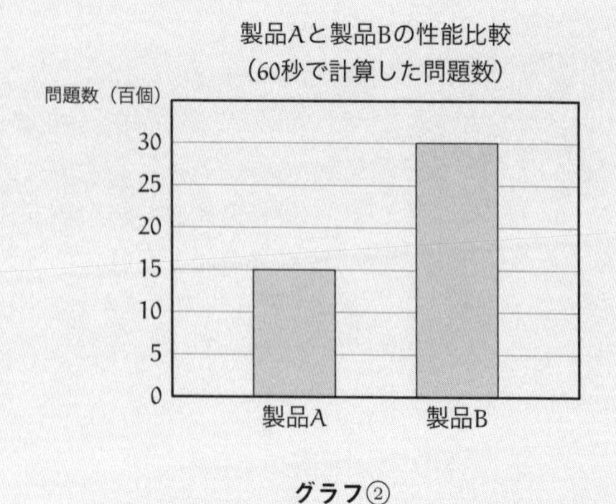

グラフ②

グラフ①とグラフ②は軸と目盛りを除くと同じ形をしていますが、意味はまったく異なります。このように、**軸と目盛り**を確かめなければ、グラフの形を見ても何もわからないのです。

なお、棒グラフでは《表そうとする数値》と《棒の長さ》が比例するように描きますので、以下の点に注意します。

① 棒グラフの目盛りは０から始める

② 棒グラフの途中は省略しない

●問題 1-2（折れ線グラフを読む）

次の折れ線グラフは、ある年の4月から6月までの期間、食堂AとレストランBの月ごとの来客数を比較したものです。

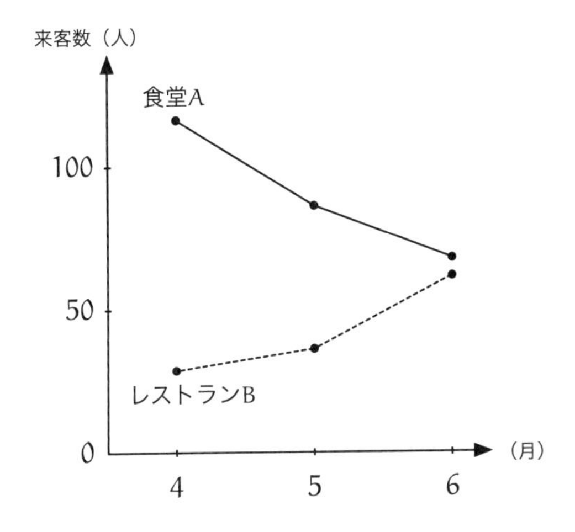

① この折れ線グラフから「食堂Aのほうが、レストランBよりも、もうかっている」といえますか。

② この折れ線グラフから「この期間、レストランBは、月ごとの来客数が増加している」といえますか。

③ この折れ線グラフから「7月には、食堂Aの来客数よりもレストランBの来客数のほうが多くなる」といえますか。

■解答 1-2

① いえません。この折れ線グラフが表しているのは「来客数」であり、「もうかった金額」ではありません。食堂Aのグラフのほうがレストラン B よりも上にありますので、「食堂 A のほうが来客数が多い」とはいえますが、「食堂 A のほうがもうかっている」とはいえませんし、もちろん「レストラン B のほうがもうかっている」ともいえません。「来客数が多いのだから、もうかっている可能性が高そうだ」と推測することはできますが、本当のところはこのグラフだけではわかりません。

② いえます。この期間で、レストラン B のグラフは右上がりになっています。これは、月ごとの来客数が増加していることを表しています。

③ いえません。この折れ線グラフが表しているのは「ある年の 4 月から 6 月までの期間における月ごとの来客数」です。食堂 A とレストラン B の来客数がこの調子で変化していくなら、「7 月には、食堂 A の来客数よりもレストラン B の来客数のほうが多くなりそうだ」と推測することはできますが、実際にどうなるかはわかりません。

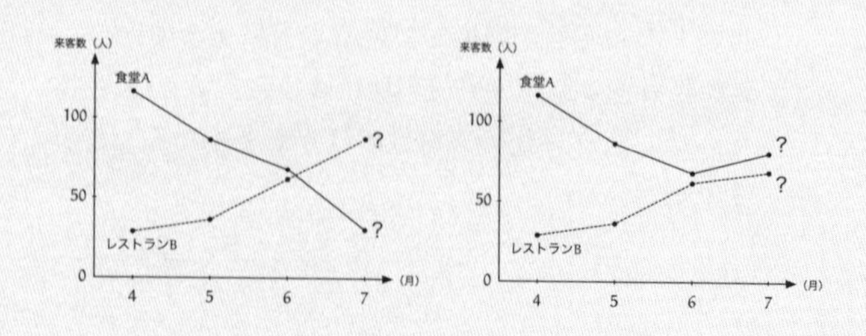

7 月はどうなるかわからない

●**問題 1-3**（トリックを見つける）
ある人が、以下の「購買者の年齢層」を表した円グラフを使って「この商品は 10 代〜20 代によく売れています」と主張しました。それに対して反論してください。

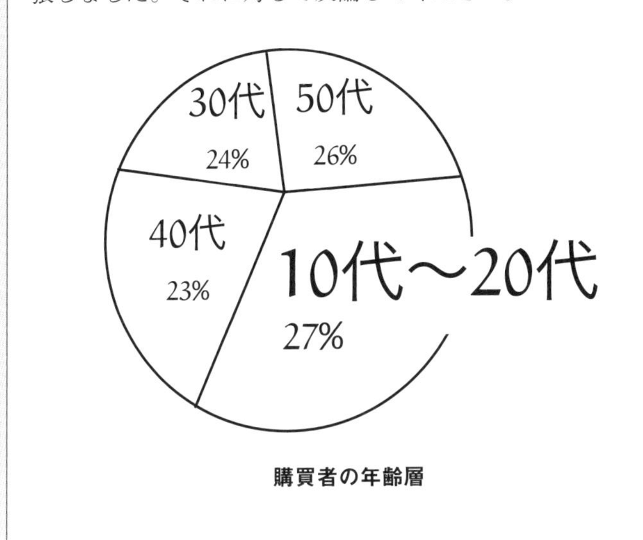

購買者の年齢層

■**解答 1-3**
反論の要点を示します。

- 「10 代〜20 代」の年齢層だけ複数の年代を合算しているので、他の年代よりも大きくなっているのではないか。
- 「10 代〜20 代」の年齢層だけ文字を大きくしているので、他の年代よりも大きく見えている。
- 円グラフの中心がずらしてあるため、「10 代〜20 代」の年齢層だけ大きく見えている。

- 購買者一人が商品を複数個購入している可能性が考慮されているかどうか不明確である。「10代～20代」の購買者は商品を1個買うが、「40代」の購買者は商品を何個も買っているかもしれない。
- 全体を合わせると100％になっているが、60代以上が含まれていない。

補足

もしかしたら「この問題のような馬鹿馬鹿しい円グラフを描く人なんかいない」と思うかもしれませんが、この問題は、テレビの報道番組で実際に使われた円グラフにヒントを得て作成したものです。

第2章の解答

●問題 2-1（代表値）

10 点満点のテストを 10 人が受けたところ、点数は以下のようになりました。

受験番号	1	2	3	4	5	6	7	8	9	10
点数	5	7	5	4	3	10	6	6	5	7

点数の最大値、最小値、平均、最頻値、中央値をそれぞれ求めてください。

■解答 2-1

最大値は、最も大きい点数ですので、10 点です。

最小値は、最も小さい点数ですので、3 点です。

平均は、すべての点数を合計し、人数で割って得られます。

$$\frac{5+7+5+4+3+10+6+6+5+7}{10}=\frac{58}{10}=5.8$$

したがって、平均は 5.8 点です。

最頻値は、最も人数の多い点数ですので、5 点です。

中央値は、点数を小さい順に並べて、中央に来た点数を求めます。人数が偶数（10 人）なので、中央 2 人の平均を中央値とします（p. 61 参照）。

受験番号	5	4	1	3	9	7	8	2	10	6
点数	3	4	5	5	5	6	6	7	7	10

点数を小さい順に並べた表

中央 2 人の平均は $\frac{5+6}{2} = 5.5$ なので、中央値は 5.5 点です。

答　最大値 10 点、最小値 3 点、平均 5.8 点、最頻値 5 点、中央値 5.5 点

●問題 2-2（代表値の解釈）
以下の文章のおかしな点を指摘してください。

① 試験の学年平均は 62 点だった。ということは、62 点を取った人が一番多い。

② 試験の学年最高点は 98 点だった。ということは、98 点を取った人がたった 1 人いる。

③ 試験の学年平均は 62 点だった。ということは、62 点より点数が高い人と低い人は同じ人数である。

④「期末試験では、学年全員が学年平均を超えなくてはならない」と言われた。

■解答 2-2

① 平均が 62 点だとしても、62 点を取った人が一番多いとは限りません。62 点を取った人が一番多いといえるのは、最頻値が 62 点のときです。

② 学年最高点が 98 点であるとき、その点数を取った人がたった 1 人であるとはいえません。98 点同点の人が 2 人以上いるかもしれないからです。98 点を取った人が少なくとも 1 人いるとはいえます。

③ 平均が 62 点だとしても、62 点より点数が高い人と低い人が同じ人数になるとは限りません。同じ人数になるのは、中央値が 62 点のときです*。

④ 学年全員が学年平均を超えた点数を取ることは不可能です。たとえば生徒がぜんぶで n 人で、その点数が $x_1, \ldots, x_n$ とします。学年平均を m とすると、

$$\frac{x_1 + \cdots + x_n}{n} = m \qquad (\heartsuit)$$

が成り立ちます。ここで学年全員が学年平均を超えた点数を取ったなら、$k = 1, \ldots, n$ のすべての k に対して、

$$x_k > m$$

がいえます。そうすると、

$$x_1 + \cdots + x_n > \underbrace{m + \cdots + m}_{n\text{ 個}} = nm$$

から、

---

* 中央値に同点の人がいた場合には、同じ人数にならないこともあります。

$$\frac{x_1 + \cdots + x_n}{n} > m$$

がいえます。しかしこれは、(♡) と矛盾しますので、学年全員が学年平均を超えた点数を取ることは不可能です。

●問題 2-3（数値の追加）

テストを実施し、生徒 100 人の平均点 m_0 を計算しました。計算が終わってから、101 人目の点数 x_{101} を m_0 の計算に使い忘れたことに気付きました。いまから計算し直すのは大変なので、すでに計算した平均点 m_0 と、101 人目の点数 x_{101} を使って、

$$m_1 = \frac{m_0 + x_{101}}{2}$$

を新たな平均点としました。この計算は正しいでしょうか。

■解答 2-3

正しくありません。この計算で求めた m_1 は、点数 x_{101} を他の生徒の点数よりも 100 倍の重みを付けて求めた平均になってしまいます。正しい平均 m は、

$$m = \frac{100m_0 + x_{101}}{101}$$

で得られます。

答　正しくない

第3章の解答

●問題 3-1（分散）

n 個の数値（$x_1, x_2, \ldots, x_n$）からなるデータがあるとします。このデータの分散が 0 になるのはどんなときですか。

■解答 3-1

データの平均を μ とします。分散が 0 になるのは、定義から、

$$\frac{(x_1-\mu)^2+(x_2-\mu)^2+\cdots+(x_n-\mu)^2}{n}=0$$

の場合です。この式が成り立つのは、

$$\begin{aligned} x_1-\mu&=0\\ x_2-\mu&=0\\ &\vdots\\ x_n-\mu&=0 \end{aligned}$$

ときのみです。したがって、分散が 0 になるのは、

$$x_1=x_2=\cdots=x_n=\mu$$

のとき、すなわちすべての数値が等しい場合です（そしてそのと

き、すべての数値は平均に等しくなります)。

答　データの分散が0になるのは、すべての数値が等しいとき

●問題 3-2（偏差値）

偏差値に関する①～④の問いに答えてください。

① 点数が平均点より高いとき、自分の偏差値は50より大きいといえるか。
② 偏差値が100を超えることはあるか。
③ 全体の平均点と自分の点数さえわかれば、自分の偏差値を計算できるか。
④ 生徒2人の点数差が3点ならば、偏差値の差は3になるか。

■解答 3-2

直感で答えるのではなく、**偏差値の定義を使って考える**ことが大切ですので、まず、偏差値の定義を確認しましょう。xを点数、μを平均点、σを標準偏差としたとき、偏差値yは

$$y = 50 + 10 \times \frac{x - \mu}{\sigma}$$

で得られます。

① 点数が平均点より高いとき、偏差値は 50 より大きいといえるか。

点数が平均点より高いとき、$x > \mu$ が成り立ち、

$$x - \mu > 0$$

がいえます。点数が平均点より高い生徒がいるということから、

$$\sigma > 0$$

がいえます（解説参照）。したがって、

$$50 + 10 \times \underbrace{\frac{x - \mu}{\sigma}}_{>0} > 50$$

となり、偏差値は 50 より大きいことがわかります。よって、点数が平均点より高いとき、偏差値は 50 より大きいといえます。

答　① 点数が平均点より高いとき、偏差値は 50 より大きいといえる

解説

一般に、標準偏差 σ について、$\sigma \geqq 0$ が成り立ちます。$\sigma = 0$ が成り立つのは、データのすべての数値が等しいときのみです（解答 3-1 参照）。したがって、点数が平均点より高い生徒がいる場合には、$\sigma > 0$ がいえます。

② 偏差値が 100 を超えることはあるか。

極端な場合を考えます。受験者が 100 人いて 1 人が 100 点、残りの 99 人が 0 点としましょう。このとき、平均 μ と分散 V はそれぞれ以下のように計算できます。

$$\begin{aligned}\mu &= \frac{\overbrace{0+0+\cdots+0}^{99\text{個}}+100}{100}\\ &= \frac{100}{100}\\ &= 1\end{aligned}$$

$$\begin{aligned}V &= \frac{\overbrace{(0-\mu)^2+(0-\mu)^2+\cdots+(0-\mu)^2}^{99\text{個}}+(100-\mu)^2}{100}\\ &= \frac{\overbrace{(0-1)^2+(0-1)^2+\cdots+(0-1)^2}^{99\text{個}}+(100-1)^2}{100}\\ &= \frac{99+99^2}{100}\\ &= 99\end{aligned}$$

したがって、標準偏差 σ の大きさを調べると、

$$\sigma = \sqrt{V} = \sqrt{99} < \sqrt{100} = 10$$

により、

$$\sigma < 10 \qquad \text{すなわち} \qquad \frac{1}{\sigma} > \frac{1}{10}$$

がいえます。これを使って 100 点を取った人の偏差値 y を評価します。

$$
\begin{aligned}
y &= 50 + 10 \times \frac{100 - \mu}{\sigma} \\
&= 50 + 10 \times \frac{100 - 1}{\sigma} && \mu = 1 \text{ より} \\
&> 50 + 10 \times \frac{99}{10} && \tfrac{1}{\sigma} > \tfrac{1}{10} \text{ より} \\
&= 149
\end{aligned}
$$

つまり、

$$y > 149$$

がいえ、偏差値は 100 を超えていることがわかります。

答　②偏差値が 100 を超えることはある

解説

一般に、偏差値が 100 を超えるのは点数 x が平均点よりも 5σ を超えるとき、すなわち x が、

$$x - \mu > 5\sigma$$

を満たすほど大きいときです。このとき、

$$50 + 10 \times \underbrace{\frac{x - \mu}{\sigma}}_{>5} > 100$$

が成り立つからです。同様の計算により、x が $x - \mu < -5\sigma$ を満たすときには偏差値は 0 より小さくなります。つまり、偏差値は負になる場合もあります。

③ 全体の平均点と自分の点数さえわかれば、自分の偏差値を計算できるか。

定義より、自分の偏差値は、

$$50 + 10 \times \frac{x - \mu}{\sigma}$$

で求められます。全体の平均点 μ と自分の点数 x がわかっても、全体の標準偏差 σ はわからないので、自分の偏差値を計算することはできません。

答　③ 全体の平均点と自分の点数がわかっても、自分の偏差値は計算できない

④ 生徒 2 人の点数差が 3 点ならば、偏差値の差は 3 になるか。

点数差が 3 点である 2 人の点数を x および $x + 3$ とし、偏差値の定義を使って偏差値の差を計算します。

$$\left(50 + 10 \times \frac{(x + 3) - \mu}{\sigma}\right) - \left(50 + 10 \times \frac{x - \mu}{\sigma}\right)$$

$$= 10 \times \left(\frac{(x + 3) - \mu}{\sigma} - \frac{x - \mu}{\sigma}\right)$$

$$= 10 \times \frac{3}{\sigma}$$

したがって、生徒 2 人の点数差が 3 点のとき、偏差値の差は 3 であるとは限りません。標準偏差が $\sigma = 10$ のときに限り、偏差値の差は 3 になります

答　④ 点数差が 3 点であっても、偏差値の差が 3 とは限らない

●**問題 3-3**（驚きの度合い）
平均が等しくても、分散が違えば100点の《すごさ》も変わるという話題が本文に出てきました（p. 114）。以下の試験結果AとBは、どちらも生徒10人が受けた試験の結果で、どちらも平均は50点です。試験結果AとBのそれぞれについて、100点に対する偏差値を求めてください。

受験番号	1	2	3	4	5	6	7	8	9	10
点数	0	0	0	0	0	100	100	100	100	100

試験結果 A

受験番号	1	2	3	4	5	6	7	8	9	10
点数	0	30	35	50	50	50	50	65	70	100

試験結果 B

■**解答 3-3**

表から試験結果Aのほうが分散が大きいように見えますので、同じ100点であっても試験結果Aのほうが偏差値が低くなることが予想できます。しかし、実際の偏差値を求めるためには、偏差値の定義に従って計算する必要があります。

試験結果 A

μ_A を平均、V_A を分散、σ_A を標準偏差とします。

$$\mu_A = \frac{0+0+0+0+0+100+100+100+100+100}{10}$$
$$= 50$$

$$V_A = \frac{\overbrace{(0-\mu_A)^2+\cdots+(0-\mu_A)^2}^{5\text{ 個}}+\overbrace{(100-\mu_A)^2+\cdots+(100-\mu_A)^2}^{5\text{ 個}}}{10}$$
$$= \frac{\overbrace{(0-50)^2+\cdots+(0-50)^2}^{5\text{ 個}}+\overbrace{(100-50)^2+\cdots+(100-50)^2}^{5\text{ 個}}}{10}$$
$$= 2500$$

$$\sigma_A = \sqrt{V_A}$$
$$= \sqrt{2500}$$
$$= 50$$

以上をもとにして、100 点に対する偏差値を計算します。

$$50 + 10 \times \frac{100-\mu_A}{\sigma_A} = 50 + 10 \times \frac{100-50}{50}$$
$$= 60$$

したがって、試験結果 A での 100 点に対する偏差値は 60 です。

試験結果 B

μ_B を平均、V_B を分散、σ_B を標準偏差とします。

$$\begin{aligned}
\mu_B &= \frac{0+30+35+50+50+50+50+65+70+100}{10} \\
&= 50 \\
V_B &= \frac{1}{10}\left((0-\mu_B)^2+(30-\mu_B)^2+(35-\mu_B)^2+(50-\mu_B)^2+(50-\mu_B)^2\right. \\
&\qquad \left.+(50-\mu_B)^2+(50-\mu_B)^2+(65-\mu_B)^2+(70-\mu_B)^2+(100-\mu_B)^2\right) \\
&= \frac{1}{10}\left((0-50)^2+(30-50)^2+(35-50)^2+(50-50)^2+(50-50)^2\right. \\
&\qquad \left.+(50-50)^2+(50-50)^2+(65-50)^2+(70-50)^2+(100-50)^2\right) \\
&= 625 \\
\sigma_B &= \sqrt{V_B} \\
&= \sqrt{625} \\
&= 25
\end{aligned}$$

以上をもとにして、100 点に対する偏差値を計算します。

$$\begin{aligned}
50+10\times\frac{100-\mu_B}{\sigma_B} &= 50+10\times\frac{100-50}{25} \\
&= 70
\end{aligned}$$

したがって、試験結果 B での 100 点に対する偏差値は 70 です。

答　試験結果 A での 100 点は偏差値 60 で、
試験結果 B での 100 点は偏差値 70 です。

●問題 3-4（正規分布と《34, 14, 2》）

正規分布のグラフを標準偏差 σ ごとに区切ると、おおよそ 34%, 14%, 2% という割合が現れるという話題が本文に出てきました（p. 138）。

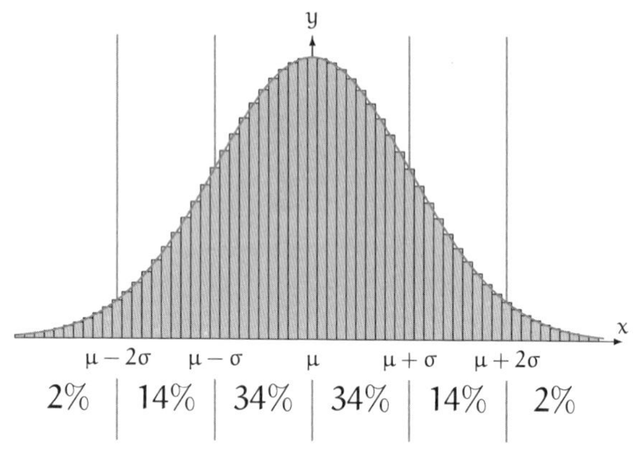

正規分布

データの分布が正規分布で近似できると仮定して、以下の不等式を満たす数値 x の個数が全体に占めるおおよその割合を求めてください。ただし、μ は平均、σ は標準偏差を表すものとします。

① $\mu - \sigma < x < \mu + \sigma$

② $\mu - 2\sigma < x < \mu + 2\sigma$

③ $x < \mu + \sigma$

④ $\mu + 2\sigma < x$

■解答 3-4

いずれも 34%, 14%, 2% を使って求めることができます。

① $\mu - \sigma < x < \mu + \sigma$ は、$34 + 34 = 68$ より、約 68% です。

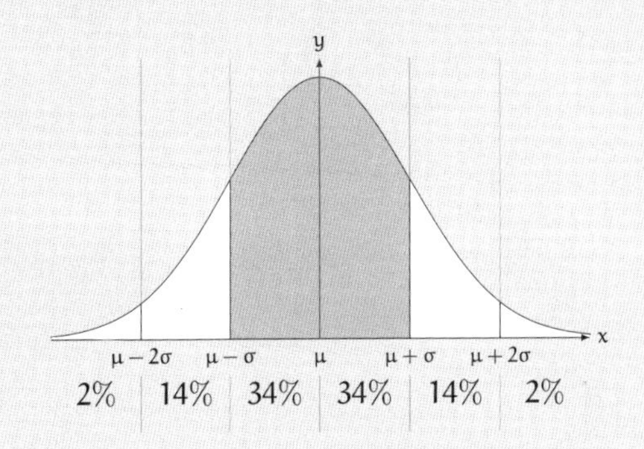

② $\mu - 2\sigma < x < \mu + 2\sigma$ は $14 + 34 + 34 + 14 = 96$ より、約 96% です。

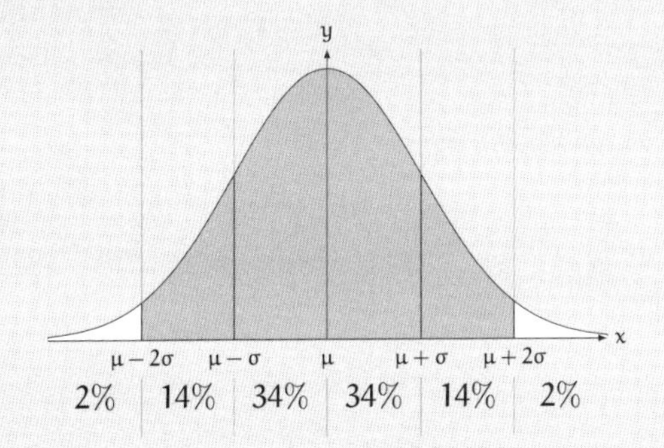

③ $x < \mu + \sigma$ は、$2 + 14 + 34 + 34 = 50 + 34 = 84$ より、約 84% です。

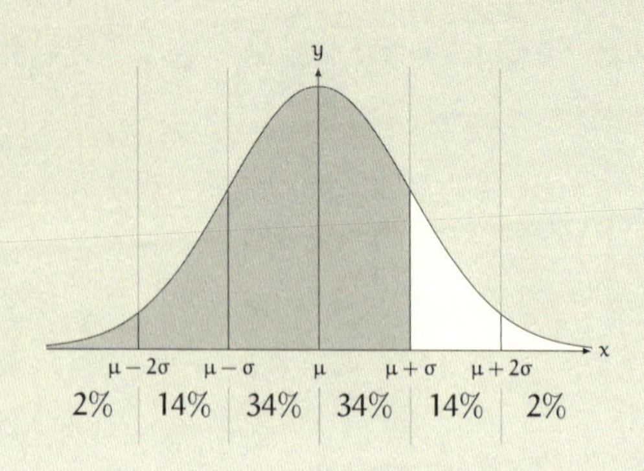

④ $\mu + 2\sigma < x$ は、約 2% です。

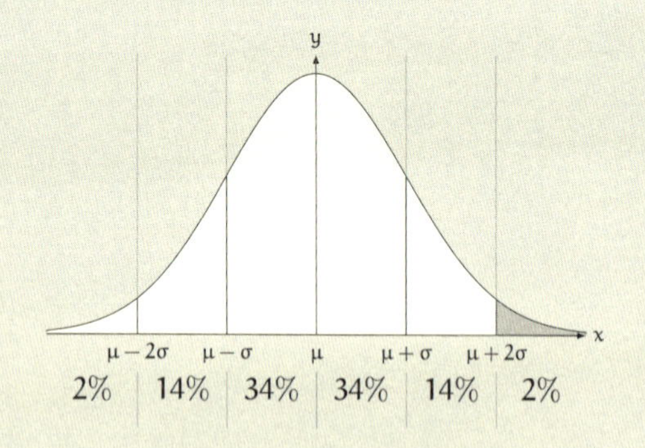

答　① 約 68%　② 約 96%　③ 約 84%　④ 約 2%

第4章の解答

●問題 4-1（期待値と標準偏差の計算）

サイコロを1回投げると、

1 2 3 4 5 6
⚀, ⚁, ⚂, ⚃, ⚄, ⚅

の6通りの目が出ます。サイコロを1回投げたときに出る目の期待値と標準偏差を求めてください。ただし、どの目が出る確率も $\frac{1}{6}$ であると仮定します。

■解答 4-1

求める期待値は、《サイコロの出る目》に《その目が出る確率》を掛けてすべての場合を加えて得られます。

$$
\begin{aligned}
\text{期待値} &= 1 \cdot \frac{1}{6} + 2 \cdot \frac{1}{6} + 3 \cdot \frac{1}{6} + 4 \cdot \frac{1}{6} + 5 \cdot \frac{1}{6} + 6 \cdot \frac{1}{6} \\
&= \frac{1+2+3+4+5+6}{6} \\
&= \frac{21}{6} \\
&= 3.5
\end{aligned}
$$

求める標準偏差は、$\sqrt{\text{分散}}$ で得られるので、まず分散を求めます。分散は p. 168 の式、

《分散》＝《2 乗の期待値》−《期待値の 2 乗》

で計算できます。

$$
\begin{aligned}
\text{分散} &= \left(1^2 \cdot \frac{1}{6} + 2^2 \cdot \frac{1}{6} + 3^2 \cdot \frac{1}{6} + 4^2 \cdot \frac{1}{6} + 5^2 \cdot \frac{1}{6} + 6^2 \cdot \frac{1}{6}\right) - \left(\frac{21}{6}\right. \\
&= \frac{1^2 + 2^2 + 3^2 + 4^2 + 5^2 + 6^2}{6} - \left(\frac{21}{6}\right)^2 \\
&= \frac{91}{6} - \frac{441}{36} \\
&= \frac{105}{36} \\
&= \frac{35}{12}
\end{aligned}
$$

$$
\text{標準偏差} = \sqrt{\frac{35}{12}}
$$

答　期待値は 3.5 で、標準偏差は $\sqrt{\frac{35}{12}}$

●問題 4-2（サイコロゲーム）

サイコロを投げて点数を得る一人ゲームをします。ゲームを1度プレイしたときに得られる点数の期待値を、ゲーム①とゲーム②のそれぞれについて求めてください。

ゲーム①

サイコロを2回投げて、出た目の積が点数になる。
（⚂と⚄が出たら、$3 \times 5 = 15$ が点数）

ゲーム②

サイコロを1回投げて、出た目の2乗が点数になる。
（⚃が出たら、$4^2 = 16$ が点数）

■解答 4-2

ゲーム①の期待値を E_1 とし、ゲーム②の期待値を E_2 として計算します。

ゲーム①

サイコロを2回投げて出た目をそれぞれ k, j とすると点数は kj で、出た目が k, j になる確率は $\frac{1}{6 \cdot 6}$ です。k を1から6まで変え、そのそれぞれに対して j を1から6まで変えたとき、$\frac{kj}{6 \cdot 6}$ の総和が期待値 E_1 です。

$$
\begin{aligned}
E_1 &= \sum_{k=1}^{6}\sum_{j=1}^{6}\frac{kj}{6\cdot 6} \\
&= \frac{1}{36}(1\cdot 1 + 1\cdot 2 + \cdots + 1\cdot 6 + 2\cdot 1 + 2\cdot 2 + \cdots + 2\cdot 6 \\
&\quad + 3\cdot 1 + 3\cdot 2 + \cdots + 3\cdot 6 + 4\cdot 1 + 4\cdot 2 + \cdots + 4\cdot 6 \\
&\quad + 5\cdot 1 + 5\cdot 2 + \cdots + 5\cdot 6 + 6\cdot 1 + 6\cdot 2 + \cdots + 6\cdot 6) \\
&= \frac{441}{36} \\
&= \frac{49}{4}
\end{aligned}
$$

ゲーム②

サイコロを 1 回投げて出た目を k とすると、点数は k^2 で、出た目が k になる確率は $\frac{1}{6}$ です。k を 1 から 6 まで変えたとき、$\frac{k^2}{6}$ の総和が期待値 E_2 です。

$$
\begin{aligned}
E_2 &= \sum_{k=1}^{6}\frac{k^2}{6} \\
&= \frac{1}{6}(1^2 + 2^2 + 3^2 + 4^2 + 5^2 + 6^2) \\
&= \frac{91}{6}
\end{aligned}
$$

答　ゲーム①の期待値は $\frac{49}{4}$ で、ゲーム②の期待値は $\frac{91}{6}$

補足

ゲーム①とゲーム②の期待値は、それぞれ以下の表に書かれている数の平均になります。

	1	2	3	4	5	6
1	1	2	3	4	5	6
2	2	4	6	8	10	12
3	3	6	9	12	15	18
4	4	8	12	16	20	24
5	5	10	15	20	25	30
6	6	12	18	24	30	36

ゲーム①の点数（出た目の積）

1	2	3	4	5	6
1	4	9	16	25	36

ゲーム②の点数（出た目の2乗）

第5章の解答

●問題 5-1（期待値の計算）
フェアなサイコロを10回投げる試行を考えます。出た目の合計を表す確率変数を X としたとき、X の期待値 E[X] を求めてください。

■解答 5-1

k回目に出た目を表す確率変数を X_k とすると、問題4-1の結果（p. 273）より、

$$E[X_1] = E[X_2] = \cdots = E[X_{10}] = 3.5$$

です。また、

$$X = X_1 + X_2 + \cdots + X_{10}$$

が成り立ちますので、**期待値の線型性**を使って E[X] を求めます。

$$\begin{aligned} E[X] &= E[X_1 + X_2 + \cdots + X_{10}] \\ &= E[X_1] + E[X_2] + \cdots + E[X_{10}] \\ &= 10 \times 3.5 \\ &= 35 \end{aligned}$$

答　期待値は35

●問題 5-2（二項分布）

フェアなコインを 10 回投げたときに表が出る回数の確率分布、すなわち二項分布 $B(10, \frac{1}{2})$ のグラフを以下に示します。

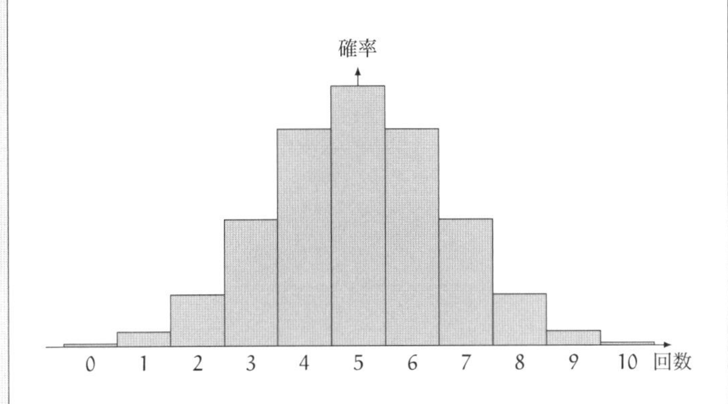

フェアなコインを 10 回投げたときに
表が出る回数の確率分布
二項分布 $B(10, \frac{1}{2})$

それでは、フェアなコインを 5 回投げたときに表が出る回数の確率分布、すなわち二項分布 $B(5, \frac{1}{2})$ のグラフを描いてください。

■解答 5-2

フェアなコインを 5 回投げたときに表が出る回数の確率分布を表にすると、以下のようになります。

k	0	1	2	3	4	5
$\frac{\binom{5}{k}}{2^5}$	$\frac{1}{32}$	$\frac{5}{32}$	$\frac{10}{32}$	$\frac{10}{32}$	$\frac{5}{32}$	$\frac{1}{32}$

二項分布 $B(5, \frac{1}{2})$

これを元にグラフを描くと、以下のようになります。

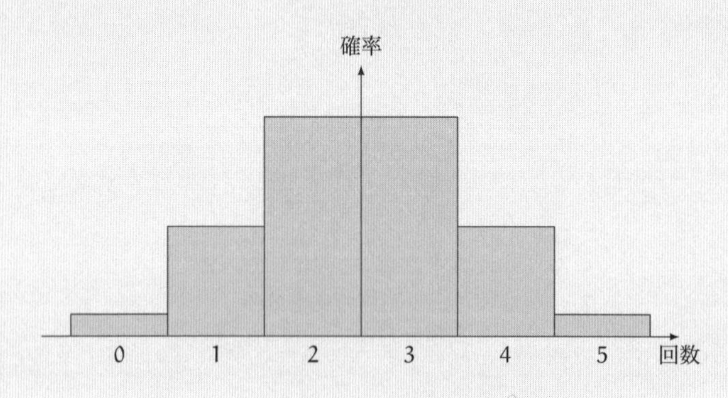

フェアなコインを 5 回投げたときに表が出る回数の確率分布
二項分布 $B(5, \frac{1}{2})$

●**問題 5-3**（危険率（有意水準））
第5章でテトラちゃんが危険率（有意水準）について質問したとき、ミルカさんは「誤りを犯すことを危険と表現している」と答えました（p. 209）。危険率を高くすると、どのような誤りを犯す可能性が高くなるのでしょうか。

■**解答 5-3**
危険率を高くすると棄却域が大きくなりますので、「帰無仮説が正しいのに棄却してしまう」という誤りを犯す可能性が高くなります。

答　帰無仮説が正しいのに棄却してしまう誤り

補足
危険率を高くすると「帰無仮説が正しいのに棄却してしまう」という誤りを犯す可能性が高くなります。しかし、逆に危険率を低くすると、今度は「帰無仮説が正しくないのに棄却しない」という別の誤りを犯す可能性が高くなってしまいます。これら二種類の誤りをそれぞれ「第一種の過誤（かご）」および「第二種の過誤」と呼びます。

第一種の過誤　帰無仮説が正しいのに棄却してしまう誤り
第二種の過誤　帰無仮説が正しくないのに棄却しない誤り

●問題 5-4（仮説検定）

p. 208 の仮説検定をやろうと考え、《コインがフェアである》という帰無仮説を立ててコインを 10 回投げたところ、

表裏表表裏裏裏表表表

になりました。すると、ある人が次のように主張しました。

主張

「表裏表表裏裏裏表表表」というパターンは、コインを 10 回投げたときに同じ確率で出る 1024 通りのパターンのうち、たった 1 通りしかない。ということは、このパターンが出る確率は $\frac{1}{1024}$ となる。したがって《コインがフェアである》という帰無仮説は、危険率 1% で棄却される。

この主張は正しいですか。

■解答 5-4

この主張は誤りです。

p. 208 と同様に《コインはフェアである》という帰無仮説を立て、危険率 1% で仮説検定を行ったとします。「裏裏裏裏裏裏裏裏裏裏」が出る確率と「表裏表表裏裏裏表表表」が出る確率はどちらも $\frac{1}{1024}$ です。しかし、

- 「裏裏裏裏裏裏裏裏裏裏」では帰無仮説を棄却できる
- 「表裏表表裏裏裏表表表」では帰無仮説を棄却できない

という違いが生じます。

このような違いが生じる理由は、この仮説検定における検定統計量が何かを考えればわかります。帰無仮説を棄却するためには、帰無仮説のもとで《驚くべきこと》が起きていなければなりません。ここで《驚くべきこと》が起きているかどうかは、《表が出る回数》を使って判断しています。つまり、ここでは《表が出る回数》が、仮説検定の手順（p. 205）で定める検定統計量になっているのです。

帰無仮説からいえる《驚くべきこと》を、《表が出る回数》という検定統計量によって表しましょう。帰無仮説の仮定から、《表が出る回数》の確率分布は二項分布 $B(10, \frac{1}{2})$ になりますが、このとき、二項分布の中央から離れるほど、より《驚くべきこと》が起きたといえます。具体的には、《表が出る回数》が 0 に近ければ近いほど、また 10 に近ければ近いほど、より《驚くべきこと》が起きたことになります。二項分布の中央から検定統計量がどれだけ離れれば、棄却できるほど《驚くべきこと》が起きたといえるかは、仮説検定を行うときの棄却域として定めます。

「裏裏裏裏裏裏裏裏裏裏」というパターンなら、二項分布の中央から離れ、《表が出る回数》という検定統計量が棄却域に入るほど《驚くべきこと》が起きたことになり、帰無仮説を棄却できます。

しかし「表裏表表裏裏裏表表表」というパターンなら、棄却域に入るほどは《驚くべきこと》が起きていないことになるので、帰無仮説を棄却できないのです。

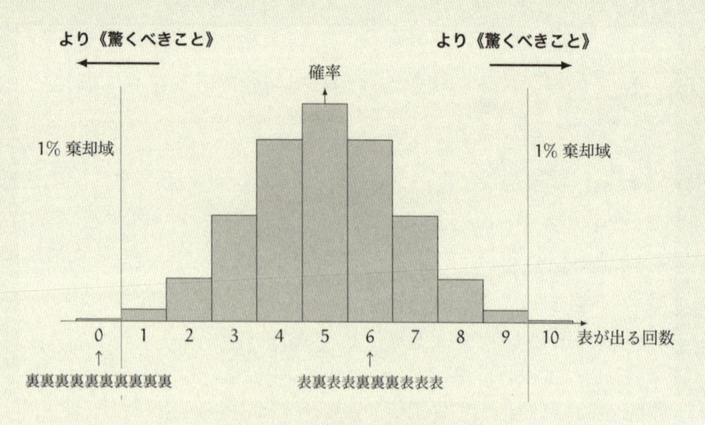

《表が出る回数》の確率分布

なお、ここではコイン投げの各回が独立であることを仮定しています。また、本書では分布の両側に棄却域を取る「両側検定」を用いました。分布の片側に棄却域を取る「片側検定」という方法もあります。

もっと考えたいあなたのために

本書の数学トークに加わって「もっと考えたい」というあなたのために、研究問題を以下に挙げます。解答は本書に書かれていませんし、たった一つの正解があるとも限りません。

あなた一人で、あるいはこういう問題を話し合える人たちといっしょに、じっくり考えてみてください。

第1章　グラフのトリック

●研究問題 1-X1（誤解を招くグラフを探そう）

第１章では、「僕」とユーリがたくさんのグラフを描き、「誤解を招くグラフ」も登場しました。あなたの回りに「誤解を招くグラフ」がないかどうか探してみましょう。また、そのグラフはどんな誤解を招くように描かれているか、考えてみましょう。

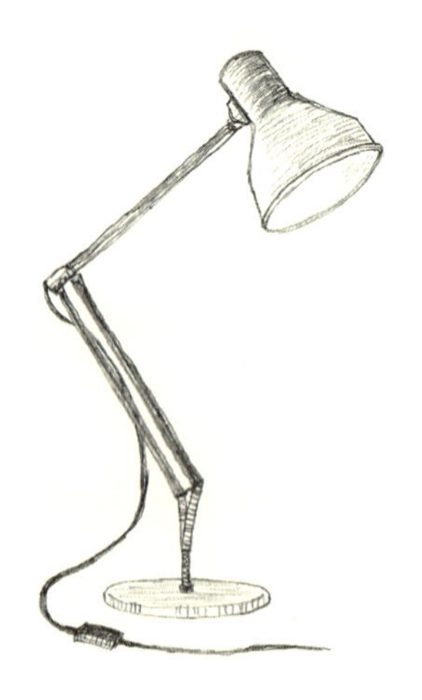

第2章 平らに均す平均

●**研究問題 2-X1**（相加平均と相乗平均）

平均にはいくつかの種類があります。第2章本文では、数値を足し合わせてから数値の個数 n で割るという**相加平均**が出てきました。この他に、数値を掛け合わせてから n 乗根を求める**相乗平均**もあります。数値が2個（x_1 と x_2）の場合、相加平均と相乗平均はそれぞれ以下のようになります。

$$\underset{\text{相加平均}}{\frac{x_1 + x_2}{2}} \qquad \underset{\text{相乗平均}}{\sqrt{x_1 x_2}}$$

$x_1 \geqq 0$、$x_2 \geqq 0$ のとき、相加平均と相乗平均の大きさを比べてみましょう。

●**研究問題 2-X2**（平均の取りうる値）

サイコロを1回投げると、

⚀, ⚁, ⚂, ⚃, ⚄, ⚅（1, 2, 3, 4, 5, 6）

の6通りの目が出ます。サイコロを10回投げたとき、出た目の平均が取りうる値は何通りあるでしょうか。

●研究問題 2-X3（複素数の平均）

n を正の整数とします。x に関する n 次方程式 $x^n = 1$ の解を $x = \alpha_1, \alpha_2, \ldots, \alpha_n$ としたとき、

$$\frac{\alpha_1 + \alpha_2 + \cdots + \alpha_n}{n}$$

の値を求めてください。

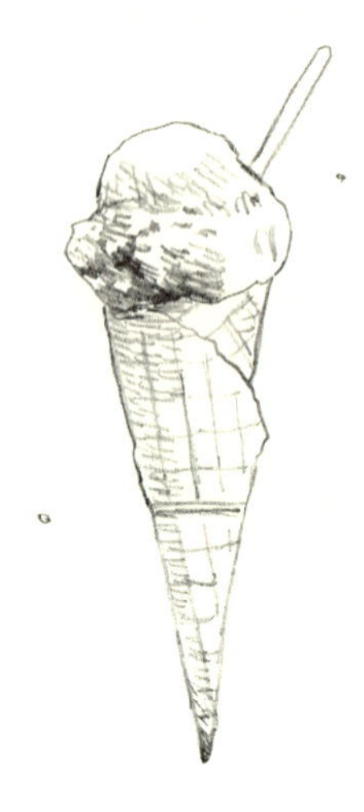

第3章 偏差値の驚き

●研究問題 3-X1（分散の一般化）

第3章で、分散は《偏差の2乗》の平均であるという話題が出てきました（p. 102）。分散は以下の式で定義されます。

$$\frac{(x_1 - \mu)^2 + (x_2 - \mu)^2 + \cdots + (x_n - \mu)^2}{n}$$

この定義を次のように一般化します（m は正の整数）。

$$\frac{(x_1 - \mu)^m + (x_2 - \mu)^m + \cdots + (x_n - \mu)^m}{n}$$

この統計量は、$x_1, x_2, \ldots, x_n$ のどんな性質を表しているといえるでしょうか。m の値ごとに考えてみましょう。

●研究問題 3-X2（分散の関係式）

第3章で、分散と平均の関係式が出てきました（p. 109）。

$$《a と b の分散》=《a^2 と b^2 の平均》-《a と b の平均》^2$$

これを n 個の数値に一般化した次の式を証明してください。

$$\frac{1}{n}\sum_{k=1}^{n}(x_k-\mu)^2=\frac{1}{n}\sum_{k=1}^{n}x_k^2-\left(\frac{1}{n}\sum_{k=1}^{n}x_k\right)^2$$

ただし μ は $x_1, x_2, \ldots, x_n$ の平均を表すとします。

●研究問題 3-X3（標準偏差を探す）

第3章でミルカさんは「《すごい》と驚くなら、平均と標準偏差の両方を確かめてから驚くべき」と言いました（p. 136）。身の回りの統計データ（試験の点数、各国の人口、交通事故の数など）に「平均」が記載されているとき、「標準偏差」も記載されているかどうか調べてみましょう。

第4章 コインを10回投げたとき

●研究問題 4-X1（10 回目の判断）

ある人がコインを 9 回投げたところ、

表裏表表裏裏裏裏裏

というパターンになりました（表が 3 回、裏が 6 回）。その人は、10 回目を投げる前にこう考えました。

> コインを 10 回投げたとき、
>
> - 表が 3 回出る場合の数は $\binom{10}{3} = 120$
> - 表が 4 回出る場合の数は $\binom{10}{4} = 210$
>
> であることがわかっている。ということは、次の 10 回目では表が出る可能性が高いな。

あなたはどう思いますか。

第5章　投げたコインの正体は

●研究問題 5-X1（確率が 0 じゃないとき）

第 5 章で「確率が 0 じゃないなら、起こってもおかしくない——といいたくなる気持ちはわかる」とミルカさんが言いました（p. 202）。「確率が 0 じゃないならば、起こってもおかしくない」という主張について、あなたはどう思いますか。以下の項目と合わせて考えてみましょう。

- コインを 1000 回投げたとき、
  すべてが表になる確率は 0 ではない。
- コインを 1 億回投げたとき、
  すべてが表になる確率は 0 ではない。
- コインを 10^{25} 回投げたとき、
  すべてが表になる確率は 0 ではない。
- 机の下には空気があり、空気に含まれているたくさんの気体分子は細かく振動している。その振動の向きがたまたまそろう確率は 0 ではない。したがって、とつぜん机が空中に飛び上がる確率は 0 ではない。

●研究問題 5-X2（フォン・ノイマンのアルゴリズム）

以下は、たとえコインが偏っていても、《フェアなコイン》をシミュレートできるフォン・ノイマンのアルゴリズムです*。

手順1. コインを2回投げる。
手順2. 「表表」または「裏裏」が出たら手順1に戻る。
手順3. 「表裏」が出たら、
　　シミュレートの結果を「表」として終了する。
手順4. 「裏表」が出たら、
　　シミュレートの結果を「裏」として終了する。

投げるコインが以下の条件を満たしていると仮定して、このアルゴリズムは《フェアなコイン》を確かにシミュレートしているか、考えてみましょう。

- コインで「表」が出る確率 p が一定であること
- $p \neq 0$ かつ $p \neq 1$ であること
- コイン投げの各回が独立であること

* John von Neumann, "Various Techniques Used in Connection with Random Digits."Applied Mathematics Series, vol. 12, U. S. National Bureau of Standards, 1951, pp. 36–38. この方法は、ハードウェアによる乱数生成において、0と1の生成確率の偏りを正すために現代でも用いられています。

あとがき

こんにちは、結城浩です。

『数学ガールの秘密ノート／やさしい統計』をお読みいただきありがとうございます。統計と聞くと、データに含まれているたくさんの数値から平均を計算するという印象を持つ人がいます。平均は大切ですが、平均でわかるのはデータが持つ姿のほんの一部。大切な次の一歩は標準偏差です。標準偏差が持つ魅力を彼女たちといっしょに楽しんでいただけたでしょうか。

本書は、ケイクス（cakes）での Web 連載「数学ガールの秘密ノート」第 121 回から第 130 回までを再編集したものです。本書を読んで「数学ガールの秘密ノート」シリーズに興味を持った方は、ぜひ Web 連載もお読みください。

「数学ガールの秘密ノート」シリーズは、やさしい数学を題材にして、中学生のユーリ、高校生のテトラちゃん、ミルカさん、それに「僕」が楽しい数学トークを繰り広げる物語です。

同じキャラクタたちが活躍する「数学ガール」シリーズという別のシリーズもあります。こちらは、より幅広い数学にチャレンジする数学青春物語です。ぜひこちらのシリーズにも手を伸ばしてみてください。特に『数学ガール／乱択アルゴリズム』では、確率について扱っています。

「数学ガールの秘密ノート」と「数学ガール」の二つのシリーズ、どちらも応援してくださいね。

本書は、LaTeX 2ε と Euler フォント (AMS Euler) を使って組版しました。組版では、奥村晴彦先生の『LaTeX 2ε 美文書作成入門』と吉永徹美さんの『LaTeX 2ε 辞典』に助けられました。感謝します。図版は、OmniGraffle, Ti*k*Z, TeX2img を使って作成しました。感謝します。

執筆途中の原稿を読み、貴重なコメントを送ってくださった、以下の方々と匿名の方々に感謝します。当然ながら、本書中に残っている誤りはすべて筆者によるものであり、以下の方々に責任はありません。

井川悠祐さん、 石井遥さん、 石宇哲也さん、 稲葉一浩さん、
上原隆平さん、 植松弥公さん、 内田大暉さん、 内田陽一さん、
岡崎圭亮さん、 鏡弘道さん、 北川巧さん、 菊池なつみさん、
木村巌さん、 統計たん、 西原史暁さん、 原いづみさん、
藤田博司さん、 梵天ゆとりさん（メダカカレッジ)、
前原正英さん、 増田菜美さん、 松浦篤史さん、 三宅喜義さん、
村井建さん、 山田泰樹さん、 山本良太さん、 米内貴志さん。

「数学ガールの秘密ノート」と「数学ガール」の両シリーズをずっと編集してくださっている、SB クリエイティブの野沢喜美男編集長に感謝します。

ケイクスの加藤貞顕さんに感謝します。

執筆を応援してくださっているみなさんに感謝します。

最愛の妻と二人の息子に感謝します。

本書を最後まで読んでくださり、ありがとうございます。

では、次回の『数学ガールの秘密ノート』でお会いしましょう！

2016 年 10 月
結城 浩
http://www.hyuki.com/girl/

索引

●結城浩の著作

『C言語プログラミングのエッセンス』，ソフトバンク，1993（新版：1996）
『C言語プログラミングレッスン　入門編』，ソフトバンク，1994
　（改訂第2版：1998）
『C言語プログラミングレッスン　文法編』，ソフトバンク，1995
『Perlで作るCGI入門　基礎編』，ソフトバンクパブリッシング，1998
『Perlで作るCGI入門　応用編』，ソフトバンクパブリッシング，1998
『Java言語プログラミングレッスン（上）（下）』，
　ソフトバンクパブリッシング，1999（改訂版：2003）
『Perl言語プログラミングレッスン　入門編』，
　ソフトバンクパブリッシング，2001
『Java言語で学ぶデザインパターン入門』，
　ソフトバンクパブリッシング，2001（増補改訂版：2004）
『Java言語で学ぶデザインパターン入門　マルチスレッド編』，
　ソフトバンクパブリッシング，2002
『結城浩のPerlクイズ』，ソフトバンクパブリッシング，2002
『暗号技術入門』，ソフトバンクパブリッシング，2003
『結城浩のWiki入門』，インプレス，2004
『プログラマの数学』，ソフトバンクパブリッシング，2005
『改訂第2版Java言語プログラミングレッスン（上）（下）』，
　ソフトバンククリエイティブ，2005
『増補改訂版Java言語で学ぶデザインパターン入門　マルチスレッド編』，
　ソフトバンククリエイティブ，2006
『新版C言語プログラミングレッスン　入門編』，
　ソフトバンククリエイティブ，2006
『新版C言語プログラミングレッスン　文法編』，
　ソフトバンククリエイティブ，2006
『新版Perl言語プログラミングレッスン　入門編』，
　ソフトバンククリエイティブ，2006
『Java言語で学ぶリファクタリング入門』，
　ソフトバンククリエイティブ，2007
『数学ガール』，ソフトバンククリエイティブ，2007
『数学ガール／フェルマーの最終定理』，ソフトバンククリエイティブ，2008
『新版暗号技術入門』，ソフトバンククリエイティブ，2008

『数学ガール／ゲーデルの不完全性定理』,
ソフトバンククリエイティブ, 2009
『数学ガール／乱択アルゴリズム』, ソフトバンククリエイティブ, 2011
『数学ガール／ガロア理論』, ソフトバンククリエイティブ, 2012
『Java 言語プログラミングレッスン　第 3 版（上・下)』,
ソフトバンククリエイティブ, 2012
『数学文章作法　基礎編』, 筑摩書房, 2013
『数学ガールの秘密ノート／式とグラフ』,
ソフトバンククリエイティブ, 2013
『数学ガールの誕生』, ソフトバンククリエイティブ, 2013
『数学ガールの秘密ノート／整数で遊ぼう』, SB クリエイティブ, 2013
『数学ガールの秘密ノート／丸い三角関数』, SB クリエイティブ, 2014
『数学ガールの秘密ノート／数列の広場』, SB クリエイティブ, 2014
『数学文章作法　推敲編』, 筑摩書房, 2014
『数学ガールの秘密ノート／微分を追いかけて』, SB クリエイティブ, 2015
『暗号技術入門　第 3 版』, SB クリエイティブ, 2015
『数学ガールの秘密ノート／ベクトルの真実』, SB クリエイティブ, 2015
『数学ガールの秘密ノート／場合の数』, SB クリエイティブ, 2016

数学ガールの秘密ノート／やさしい統計

2016年11月7日　初版発行

著　者：結城　浩

発行者：小川　淳

発行所：SBクリエイティブ株式会社
〒106-0032　東京都港区六本木2-4-5
営業　03(5549)1201
編集　03(5549)1234

印　刷：株式会社リーブルテック

装　丁：米谷テツヤ

カバー・本文イラスト：たなか鮎子

落丁本，乱丁本は小社営業部にてお取り替え致します。
定価はカバーに記載されています。

Printed in Japan　ISBN978-4-7973-8712-4